건축디자이너를 위한

RC조 건축이해

하라구치 히데아키 저　　주 진 형 역

기 문 당

머리말

건축학과의 대학수업. 구조역학에서는 트러스의 응력계산이나 단순보의 응력계산부터 시작합니다. 재료에서는 콘크리트 파괴시험, 환경에서는 유효온도나 열저항 계산, 역사에서는 이집트 · 그리스에서, 학과수업에서는 현실과 조금 떨어져 있다. 아무리 설계가 재미있다 해도 설계수업에서 배우는 설계론까지 구름 잡는 듯한 느낌이어서는 안 될 것입니다.

대학에서는 분야마다 전문영역을 가르치는 교육시스템으로 되어 있어서 각각의 분야를 공부해도 건축의 전체적인 모습이 보이지 않는 경우가 있다. 건축관련 자격시험 공부에서는 조금은 현실적이라고 생각했으나 철근두께를 외우거나 서류 제출처를 외우거나 법규를 연구하거나 실천적이지는 않습니다.

필자가 건물 그 자체를 실학으로서 공부한 것은 대학원에 진학하여 현장설계를 시작했을 때였습니다. 공사장의 소장이나 직원들로부터 많은 것을 배웠습니다. 현장에 가서는 저건 뭐지? 이건 뭐지? 하고 자주 질문을 했던 것입니다. 대학의 선생님은 의외로 현실적인 시식에는 어두웠던 것입니다.

어떻게 그렇게 된 것일까. 하나는 건축학과 수업 구성이 학문으로서 종적인 관계에 기인하고 있는 것처럼 생각됩니다. 본래 건축은 공학적이므로 종합적인 학문이어야 하는데 개개의 이론을 세분하여 가르치고 있기 때문이 아닐까 합니다.

실제 건물은 당연한 일이지만 실물로서 물리적으로 존재하고, 여러 분야의 지식이나 기술의 횡적인 제휴에 의해 성립되고 있다. 요컨대 실학으로서 건축, 현실의 건물 그 자체를 배워가야만 하는 것이라고 생각했습니다.

작은 대학에서 건축의 설계나 법규 등을 가르칠 때 '라멘구조와 RC조의 차이는?' 등의 근본적인 질문을 많이 받았습니다. 그런 근본적인 것도 모르는데도 열심히 응력계산이나 방법을 시험 때문에 외우도록 하고 있는 것입니다. 정말 그것만으로 괜찮을까요. 학생으로부터 여러 가지 질문을 받고 그렇게 생각하게 되었습니다.

분야를 초월한다고 하면 과장이지만 분야에 얽매이지 않는다. 좀 더 기본적인 사항에서 건물의 현재 상태에 접한 설명이 필요한 것은 아닐까. 그러한 생각에서 인터넷 블로그에 학생들이 궁금해 하는 것을 조금씩 실어 갔고, 학생들이 싫증나지 않도록 매회 삽화도 곁들였습니다. 그렇게 해서 만들어진 것이 철근콘크리트조의 건물에 관해서 정리한 이 책입니다.

이 책은 철근콘크리트의 구조를 중심으로 한 재료, 시공 위주로만 쓰여진 책은 아닙니다. 간단히 철근콘크리트조의 건물이 어떻게 되어 있는가, 어떤 구조로 이루어졌는가, 설계나 공사에서는 어떤 것을 기본적으로 알고 있어야만 하는가. 그러한 아주 기본적인 것을 어느 정도 분류해서 한 권의 책으로 만든 것입니다. 철근콘크리트조 2, 3층 건물의 주택, 집합건물, 사무실, 점포 등의 건물을 상정해서 만들었습니다.

주제별 순서는 우선 건물 전체의 형태 설명에서 시작됩니다. 여기에서는 건물전체의 구조를 우선 이해하는 것, 대강의 틀을 이해하는 것을 목적으로 하고 있다. 이것은 설계제도 수업 때 학생들로부터 많이 받은 질문을 참고로 하고 있으며, 대충 지나가고 구조수업에는 나오지 않는 내용입니다. 다음으로 재료로서 RC, 콘크리트와 철근의 성질을 배우고, 거기에 동체, 지반, 기초, 철근, 타설, 방수, 창호, 마무리, 내장 기본사항으로 진행합니다.

정리하면 이 책의 내용은 건물의 전체 형태, 구조체, 각 공사의 설명으로 진행합니다. 처음부터 읽어가다 보면 RC조의 전체 형태, 구조체의 구성, 각 공사의 기초지식을 익히게 될 것입니다.

건축의 기본을 공부하고 싶지만 대학에서는 너무 세분화되어 있어서 이치를 알 수 없다! 실학으로서 건축을 알고 싶다! 라고 생각하는 학생이나 처음 공부하는 사람에게 꼭 이 책을 권하고 싶습니다. 즐겁게 공부합시다!

마지막으로 이 책이 나오기까지 도와주신 彰國社의 나카가미와히고우 씨, 편집작업을 해주신 오간게이 씨께 감사인사를 드립니다.

2008년 5월 하라구치 히데아키

역자서문

건축에 입문하는 학생들에게 이론과 실무를 함께 이해시키며, 지도하는 것은 그리 쉬운 일이 아니다. 이는 건축이란 학문이 창의적 의도가 기본이 되며, 실질적인 부분이 강조되는 감성적 · 이성적 사고의 종합체인 종합학문이기 때문이라 생각한다. 건축은 디자인, 구조, 재료, 시공, 기타 관련부분의 다양한 분야가 하나의 최종목적을 위해 소임을 다하면 교감을 갖고, 서로 소통하여야 한다.

실무를 접하면서 건축을 사랑하는 사람들이 학교에서 배운 이론과 실제가 많이 다르다는 사실을 경험하곤 한다. 종합학문으로서 건축은, 종합적 사고의 틀을 요구하는 것은 당연하지만 학교수업에 전공 분야가 각기 다른 교수님들이 학생의 눈높이에서 이론과 실무를 이해시키는 데 상당한 시간과 전문적인 경험이 요구된다.

이러한 현실을 조금이나마 해결하기 위해 본서는 RC조 건축물의 사례를 중심으로 처음부터 완공까지 건축의 종합적이면서, 체계적인 원리와 실제적인 사례를 중심으로 내용을 담았다. 건축에 입문하는 이들에게 이해하기 쉽게 정리 · 함축된 이론과 내용을 바탕으로 한 실무지침서라 할 수 있다.

특히, 건축디자이너가 알아야 할 기본개념과 기초원리 등 체계적인 방법을 통해 친근감 있게 도식이나 삽화로 표현하였다. 예를 들면, 지반, 기초, 디자인과 힘의 원리, 가정단면 사례, 구법, 재료, 시공방법, 하자방지를 위한 디테일 등 상호 긴밀한 관계성을 고려한 키워드식 전개로 재미있게 구성하였다.

이는 디자이너를 위한 설계, 재료, 시공 측면을 모두 고려한 디자인 지침의 필독서로서 손색이 없을 것으로 자부할 수 있다. 책을 읽어가면서 자연스럽게 각 단계별 건축요소들의 기본개념이 잡히면서 부분과 건물 전체의 원리를 한눈에 알아볼 수 있도록 한 내용구성의 장점을 들 수 있다. 각 단계별로 독자가 쉽게 알 수 있도록 간단명료한 개념이 제시되었다. 기본에 충실한 유용한 실무적 지침

서로서 건축디자이너가 실무에서 건축설계 측면, 재료적 측면, 시공 및 구조적 측면의 실무 사례를 총망라한 전문적인 실무 지침서로서 유용하게 활용되기를 기대한다.

끝으로 본서가 이루어지기까지 많은 도움을 주신 기문당의 강해작 사장님께 깊은 감사의 글을 전합니다.

2008 년 12 월 안산 연구실에서 역자

Content

건축디자이너를 위한

RC조 건축이해

Q 테이블에 비유될 구조방식은?

▼

A 라멘구조이다.

테이블은 다리와 그것을 연결하는 가로막대 위에 얹힌 판자로 구성된다. 다리와 가로막대는 직각이 되도록 확실히 세워져 있고, 이 가로막대가 없거나 직각이 유지되지 않으면 테이블의 판자가 중량으로 인해 휘어지게 된다.
테이블 다리는 기둥, 가로막대는 보, 판자는 상판(바닥슬래브)에 해당된다고 볼 수 있다.
라멘(Rahmen)이란 원래 독일말로 뼈대나 틀이란 의미이고, 슬래브(Slab)는 원래 영어로 판자, 두꺼운 널판, 석판이란 의미이다. 건축에서 슬래브라고 하는 경우는, 벽에는 없고 일반적으로 바닥슬래브, 상판을 가리키는 경우가 많다.

Q 테이블(라멘구조)의 다리 밑을 연결하는 가로막대는 필요한가?

▼

A 필요하다.

보통, 테이블의 다리 밑에 가로막대는 붙어 있지 않지만 건물기둥의 하부에는 가로막대가 붙어 있다. 그 가로막대는 보의 일종이지만 제일 아래 기초가 되는 부분이기 때문에 기초보라고 한다.
기초보는 기둥이 움직이지 않도록 기둥의 위치를 단단히 고정시키기 위해 필요하며, 옆으로 퍼져서 가랑이 끝 모양처럼 되면 건물은 무너지고 만다.
건물은 테이블과 달리 매우 무겁기 때문에 이러한 기초보를 설치하지 않으면 안 되고, 기초보는 보 중에서도 단면이 가장 커야 한다.
또한 제일 아래층에도 상판을 만들기 때문에 그것을 지탱하는 역할도 기초보가 하게 된다.
초보자는 기초보를 잊기 쉬우므로 주의해야 한다.

Q 테이블(라멘구조)을 쌓아올릴 경우, 다리(기둥)의 위치는 일치시켜야만 하는가?

▼

A 일반적으로 일치시켜야 한다.

기둥은 무게를 수직으로 전달하는 부분이므로 상하가 일치하는 것이 일반적이다. 상하의 기둥 위치가 어긋나버리면 무게가 그대로 전달되지 못하고, 보를 구부려지게 하는 힘이 크게 작용하게 된다.

크고 특수한 보를 사용해서 기둥의 위치를 비켜놓는 것도 가능하지만 일반적이지는 않다. 라멘구조에서는 1층의 기둥과 2층, 3층의 기둥을 같은 위치에 두는 것이 일반적이다.

Q 라멘구조의 경우 곡선을 포함한 평상, 원형이나 타원형의 평상, 삼각형의 평상을 만드는 것은 가능한가?

▼

A 가능하다.

곡선이 있는 테이블, 원형이나 타원형의 테이블, 삼각형의 테이블이 있는 것처럼 건물에서도 가능하다.
보를 곡선으로 하는 것은 가능하지만 고가의 비용이 들고, 너무 구부러짐이 심한 경우에는 불안정해지는 단점도 있다. 삼각형도 예각이 너무 심하면 기둥과의 위치를 잘 맞출 수 없는 경우도 있다.

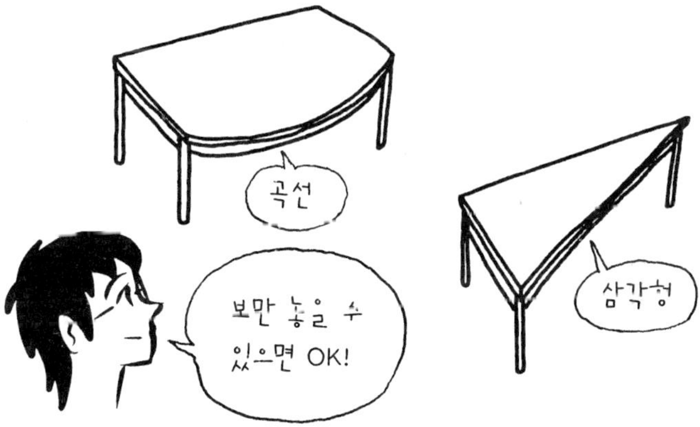

Q 최상층에 홀 등 대공간을 갖추고 있는 건물은 왜일까?

▼

A 대공간을 만들 때, 방안에 기둥을 세울 수 없다. 아래층에 대공간을 만들면 위층의 기둥 무게를 보만으로 받아야 한다. 따라서 최상층으로 올려버리면 그러한 힘든 보가 없어지게 된다. 그 때문에 대공간은 최상층에 만드는 경향이 있다.

최상층의 보는 지붕의 무게만을 받고 있기 때문에 대스팬(Span : 멀리 떨어진 보간 거리)으로 보를 만들어도 그다지 무게를 받지 않는다. 그러나 최하층에 대스팬의 보를 만들 경우 위층 기둥의 무게를 한꺼번에 받게 되며, 기둥의 무게를 보만으로 받는 것은 라멘구조에서는 너무 무리한 구조가 된다. 물론 가능하지 않은 것은 아니지만 보가 너무 크게 되어버린다. 구조적인 합리성면에서 대공간은 최상층에 있는 것이 최상이다. 단, 사람들의 움직임이 많다면 선호하지 않는다. 대공간은 극장, 영화관, 홀 등 한꺼번에 많은 사람들이 모이는 공간이고, 많은 사람들이 위로 올라가기 때문에 엘리베이터 대수도 많이 필요하다. 또 재해 발생시 아래층으로 피난할 때에도 많은 계단이 필요하게 된다. 구조적으로는 좋아도 동선계획측면에서는 문제가 있다. 다만, 계단이 많은 도심의 건물에서는 홀을 최상층으로 올리는 경우가 많다. 1층에 대공간을 둘 때 위에 작은스팬의 기둥을 나열하는 형태는 단층집 위에 2층을 증축한 '오카구라'와 비슷하기 때문에 '오카구라형 라멘'이라고 불리기도 한다. 또한 기둥을 보로 받기 때문에 '우케하리형 라멘'이라는 명칭도 있다.

Q 골판지 상자에 비유될 구조방식은?

▼

A 벽구조이다.

골판지 상자에 구멍을 내고 창이나 문을 만든다. 너무 크게 구멍을 내면 상자가 망가지게 되고, 구멍의 상하좌우에 골판지를 남겨두지 않으면 상자의 힘이 발휘되지 못한다.
구멍 좌우의 골판지는 벽, 구멍 위의 골판지는 벽상부보, 수평부분의 골판지는 상판(슬래브)에 해당한다.
골판지(벽구조)는 테이블(라멘구조)처럼 개방적으로 만들수는 없다. 커다란 창을 내면 벽이 없어져서 망가지기 때문이다.
2가지 구조방식을 다음과 같이 정리할 수 있다.

테이블 → 라멘구조
골판지 상자 → 벽구조

Q 1. 테이블(라멘구조)에서 무게를 지탱해주는 것은?
2. 골판지 상자(벽구조)에서 무게를 지탱해주는 것은?

▼

A 1. 다리(기둥)이다.
2. 벽이다.

테이블(라멘구조)은 막대기를 조합해서 구조체를 만드는 방법이고, 골판지 상자(벽구조)는 면을 조합해서 구조체를 만드는 방법이다.

테이블(라멘구조) → 막대기로 지탱하는 구조
골판지 상자(벽구조) → 면으로 지탱하는 구조

Q 골판지 상자(벽구조)를 쌓을 경우 상하벽의 위치는 일치해야만 하는가?

▼

A 일치해야만 한다.

골판지 상자(벽구조)에서 벽은 무게를 수직으로 전달하는 부분이다. 상하로 일치하지 않으면 무게가 그대로 전달되지 못해서 아래의 상자가 무너져 버린다.

1층 벽, 2층 벽, 3층 벽은 같은 위치에 두는 것이 일반적이다. 벽이 일치한 경우에도 아래 벽에 창문 등의 구멍이 있는 경우 그 구멍 위에 보의 역할을 하는 작은 벽(벽상부보)을 붙이지 않으면 위의 벽을 지탱할 수가 없다.

Q 1. 라멘구조를 알기 쉽게 표현하면?
2. 벽구조를 알기 쉽게 표현하면?

▼

A 1. 라멘구조는 막대기로 지탱하는 테이블 같은 구조이다.
2. 벽구조는 면으로 지탱하는 골판지 상자 같은 구조이다.

중요하므로 여기서 한 번 더 정리해두자. 아래 그림을 보고 라멘구조와 벽구조의 차이를 다시 한번 기억하기 바란다.

라멘구조는 막대기로, 벽구조는 면으로 지탱한다.

라멘구조의 막대기는 기둥이나 보에도 사용한다. 막대기와 막대기의 직각이 무너지면 테이블은 망가진다.

벽구조의 면은 벽이나 벽보, 바닥에도 사용한다. 커다란 구멍을 내면 상자가 망가져버린다.

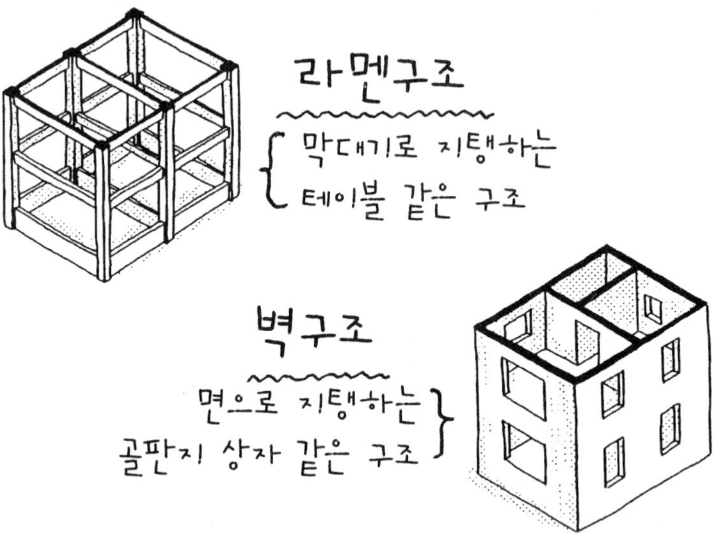

Q 1. 라멘구조(테이블)는 무슨 조로 만드나?

2. 벽구조(골판지 상자)는 무슨 조로 만드나?

▼

A 1. 철근콘크리트조(RC 조), 철골조(S 조), 철골철근콘크리트조(SRC 조), 대단면의 목조(W 조)로 만든다.

2. 철근콘크리트조(RC 조), 보강콘크리트블록조(CB 조), 목조(W 조), 경량철골조(LS 조)로 만든다.

각종 구조는 뒷부분에 설명하겠다. 라멘구조, 벽구조는 어떻게 유지되는가?하는 구조방식을 나타내고, 철근콘크리트조 등은 구조에 사용되는 재료를 나타내고 있다. 여기서 확실하게 구별해 두자. 최근 목조는 가는 기둥을 사용하기 때문에 기둥과 보의 연결부분이 약해서 이것만으로 직각을 유지할 힘이 없다. 그러나 벽은 직각으로 유지해야 한다. 재래구법, 2 × 4 구법과 함께 벽의 주체적인 구조이다. 이것은 벽구조와 유사하다고 생각된다. 한편, 옛날 사원에서 볼 수 있었던 것처럼 커다란 기둥의 경우 보와 조합부분에서 직각을 유지할 수 있으므로 라멘구조에 가까운 구조방식이다. 이렇게 목조는 애매한 구조방식이라고 할 수 있다. 철골조에서도 마찬가지로 프리패브 아파트나 프리패브 주택에 사용되는 철골은 가늘고 약한 철골이 사용된다. 그 때문에 커다란 철골과 구별해서 경량철골이라고 불린다. 경량철골도 목조와 마찬가지로 벽을 직각으로 유지하게 된다.

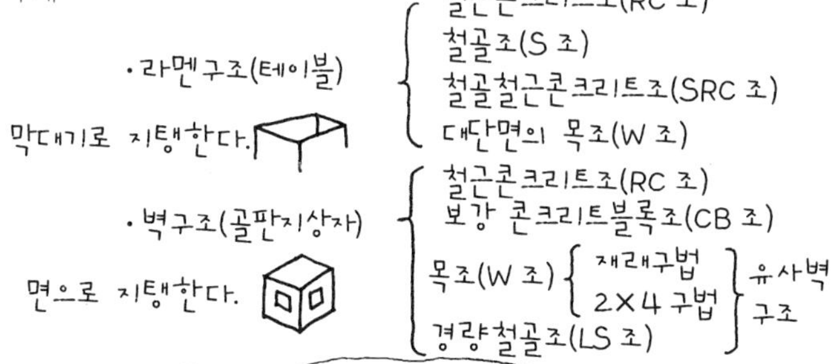

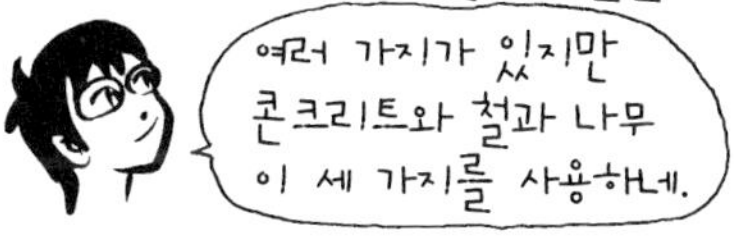

Q 라멘구조에서 방배치의 자유도는 높나? 낮나?

▼

A 높다.

라멘구조(테이블)에서 수직부분은 기둥뿐이다. 그러므로 기둥이 방해될 뿐, 그 외에는 방을 자유롭게 레이아웃할 수 있다. 움직일 수 없는 것은 기둥뿐이므로 벽은 자유롭게 움직일 수 있다.
분양 패밀리 맨션의 경우 4개 기둥으로 한 집을 만들고, 주변과의 경계만 철근콘크리트로 만드는 것이 일반적이다. 집 내부는 목조나 경량철골 등의 가벼운 벽으로 칸막이하고, 가족구성이 변하면 그 가벼운 벽을 무너뜨리고 방의 레이아웃을 바꿀 수 있다.

라멘구조 → 방배치의 자유도가 높다.
벽구조 → 방배치의 자유도가 낮다.

Q 벽구조에서 방배치의 자유도는 높나? 낮나?

▼

A 낮다.

벽구조는 벽으로 지탱하는 구조이다.
예를 들면 아래 그림처럼 돌을 쌓아올려 벽을 만들고 벽과 벽 사이에 통나무를 가로질러 2층의 마루를 만드는 것을 생각할 수 있다. 일종의 벽구조이다. 이 경우 돌벽은 1층과 2층에서 옮길 수는 없다.
돌벽의 간격은 5~6m 정도이다. 그렇다면 돌벽과 돌벽 사이에 나무벽을 하나 만드는 정도이고 돌벽은 움직일 수 없다. 철근콘크리트조의 벽구조에서도 하나의 상자 안에 방이 두 개 정도 들어가며, 철근콘크리트벽도 움직일 수 없다.
이렇게 벽구조는 방배치의 자유도가 낮게 된다.

Q 원룸 맨션이나 1LDK 맨션처럼 각 집의 면적이 작은 벽구조의 건물은 대지진에 강할까? 약할까?

▼

A 강하다.

벽구조 건물은 철근콘크리트 상자를 조합해서 건물 전체를 만든다. 그 1개당 콘크리트 상자가 작으면 전체 벽의 양이 많아지게 되고 또 벽이 위에서 아래까지 통해 있기 때문에 지진에 대해 강한 건물이 된다.
보통 맨션에서는 집집마다 각각 콘크리트벽으로 둘러싸여 있으므로 벽의 양이 다른 보통의 건물보다 많아지게 된다. 벽구조의 벽은 무게를 지탱하는 역할을 하기 때문에 상하로 통하고 있다. 종횡으로 통한 벽이 많은 벽구조의 원룸 맨션은 지진에는 매우 강한 건물이라고 할 수 있다.

Q 라멘구조에서 1층이 기둥만(필로티)인 건물은 대지진에서는 어떨까?

▼

A 1층 필로티 부분에 힘이 집중되어 경우에 따라서는 파손된다.

상층은 벽이 많아 견고하고 1층은 기둥만이어서 약하기 때문에 1층에 힘이 집중된다. 최악이 경우 1층의 기둥이 지탱하지 못하고 붕괴된다. 1층에도 벽이 부분적으로 배치된다던지 기둥을 고안한다면 문제는 없다.

한신 · 아와지 대지진에서는 필로티 부분이 무너져 붕괴된 예가 많이 보고되고 있다. 목조에서도 1층이 점포나 마루 등으로 벽이 적은 경우 1층에 힘이 집중되므로 무너지기 쉽다.

라멘구조는 기둥과 보로 지탱하는 구조이지만 옆에서 가해지는 힘에 대항하기 위해 내진벽을 넣어 보강하는 경우가 있다. 전체적으로 약하면 상관없지만 부분적으로 약하면 그 부분에 힘이 집중되고, 그 때문에 벽을 넣는다든지 기둥을 튼튼하게 하는 등의 대체방안이 필요하다.

Q 필로티의 디자인적 효과는?

▼

A 건물을 기둥으로 띄워놓으므로 경쾌감이 난다. 또 1층을 외부에 개방해서 입구 앞부분 반 정도를 외부공간이나 주차장 등으로도 사용할 수 있다.

필로티로 유명한 것은 역시 르 코르뷔지에(Le Corbusier)의 건축이다. 그는 근대건축의 5원칙(1926년)으로서

① 전통적인 벽구조가 아닌 라멘구조(코르뷔지에는 도미노시스템이라고 함)를 이용한 「자유로운 평면」
② 무게에서 자유로운 벽에 의한 「자유로운 입면」
③ 벽구조의 수직창이 아닌 라멘구조에 의한 밝음(수평창)
④ 기둥으로 1층을 띄운 지면을 공공에 개방하는 「필로티」
⑤ 지면을 공공에 개방하고 지금까지 사용되지 않던 지붕 위를 개인적인 정원으로 하는 「옥상정원」을 들고 있다. 이 5원칙이 모두 실현된 것이 파리 교외에 지어진 사보아저택(1929년)이다. 거실, 주침실 등 주요 방은 2층으로 올리고 중정풍의 테라스 주변을 에워싸듯이 배치되어 있다. 더욱이 지붕 위에도 일광욕실 등의 공간이 있고, 옥상정원으로 한 부분의 지면은 공공으로 개방하듯 필로티로 되어 있다. 실제로는 울타리로 둘러싸여 세워졌기 때문에 공공에 개방되어 있지 않고 입구 앞의 공간으로서 하나의 풍취이지만 디자인적으로는 건물이 경쾌한 인상을 주는데 성공했다. 공공성이 높은 건물에서는 지금도 필로티가 많이 사용되고 있다. 또 맨션 등의 1층을 필로티로 하여 주차장으로 하는 것도 실용적인 면에서 많이 사용된다.

Q 캔틸레버란?

▼

A 외팔보이다.

나뭇가지처럼 한쪽 기둥만 고정되어 있고 밖으로 나온 보이다. 캔틸레버(Cantilever)보라고 한다. 밖으로 돌출된 조형 전체를 가리켜서 캔틸레버라고 하기도 한다. '캔틸레버 시킨다.' '캔틸 시킨다.' 등으로 표현하는 경우도 있다.

테이블에서 기둥과 기둥을 연결하는 선보다 밖으로 나온 부분이 캔틸레버된 부분에 해당한다. 테이블의 평상은 가벼우므로 평상만으로 돌출할 수 있지만 건물은 매우 무거우므로 보로 지탱해야만 한다. 그 보를 캔틸레버 또는 캔틸레버보라고 한다. 또 튀어나온 구조 전체를 캔틸레버라고 하기도 한다. 캔틸레버는 다이내믹한 조형으로서 많은 건축가가 선호하는 방식이다. 콘크리트의 라멘구조에서는 3~5m 돌출할 수 있다. 특수한 보를 사용하면 보다 길게 멀리 돌출할 수 있다.

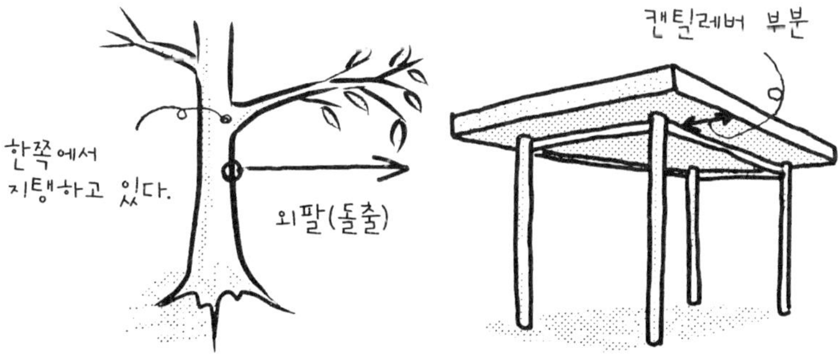

Q 캔틸레버의 디자인적 효과는?

▼

A 중력에 거스르는 듯이 돌출되어 있기 때문에 다이내믹하고 동적인 시각적 효과가 있다. 그밖에도 다양한 디자인상의 효과를 캔틸레버로 표현할 수 있다.

프랭크 로이드 라이트의 낙수장(1939년)은 거실 부분을 폭포 위에 돌출시키고(캔틸레버시킴), 그 돌출된 베란다의 밑 부분이나 처마에서 수평선을 강조한 걸작이다. 산쪽은 콘크리트 돌을 돌출하고 계곡쪽은 경쾌한 베란다나 차양을 돌출해서 양자를 대비시키고 있다. 라이트의 구조는 라멘구조라고도 벽구조라고도 확실히 단정지을 수 없는 것이 많다. 그가 원하는 공간이나 형태를 만들기 위하여 구조는 그때그때 선택해서 혼합하여 사용하고 있다. 그것도 구조에 대한 하나의 사고방식이다. 로비 저택(1909)에서는 벽이 콘크리트, 지붕이 나무로 만들어져 있고, 돌출된 처마에는 철골이 포함되어 있다. 낙수장은 현재 폭포 위의 캔틸레버 부분이 무게로 인해 계곡쪽으로 기울기 시작하고, 기울어지는 것을 방지하기 위한 연구를 하고 있다. 미국에 가면 반드시 보고 싶은 건물 중의 하나이다.(피치버그 근교)

Q 현수식 구조는 어떤 구조물에 사용되나?

▼

A 현수교로 대표되는 토목구조물에 자주 사용된다.

건축에서는 〈丹下健三設計〉에 의한 일본의 국립요요기경기장(1964년)이 유명하다. 보통 커다란 사랑을 지탱하는 등 부분적으로 사용된다.
구조방식으로는 현수식 구조 외에 절판구조, 셸구조, 막구조(멤브레인구조) 등이 있고, 특수한 구조로 분류된다. 일반적으로 대부분의 건물은 라멘구조나 벽구조로 만든다.

대부분의 건물 → 라멘구조, 벽구조
특수한 건물 → 현수식 구조, 절판구조, 셸구조, 막구조 등

Q 절판구조는 어떤 구조물에 사용되나?

▼

A 음악홀, 체육관 등의 대공간을 만들 때 사용된다.

〈안토니 · 레이먼드설계〉에 의한 군마음악센터(1961년)가 절판구조로 유명하다.

절판구조는 얇은 종이를 톱니처럼 접으면 강도가 생기는 것처럼 기본적인 널판을 접어서 강도가 생기도록 하는 구조이다.

조립식 소주택, 조립식 아파트, 자전거 주륜장 지붕, 창고 지붕 등의 저렴한 지붕재료로서 널리 사용되고 있는 절판지붕은 얇은 철판을 접어서 강도를 나오게 하므로 부분적이지만 절판구조라고 할 수 있다.

Q 셸구조는 어떤 구조물에 사용되나?

▼

A 체육관, 홀, 터미널 빌딩 등의 대공간을 만들 때 사용된다.

에로 사리넨의 TWA 공항터미널(1962년)이 셸구조로 유명하다. 건물 전체에 셸구조를 적용하려고 하면 벽도 수직이 안 되므로 특수한 건물에서밖에 사용할 수 없다.
터널 모양의 반원형 지붕, 주발을 엎어 놓은 듯한 돔형 지붕도 셸구조의 일종이다. 이렇게 부분적으로 지붕이나 차양에 사용되기도 한다.
셸(Shell)이란 조개껍데기, 계란껍데기 등의 곡면 모양의 껍데기 등 요컨대, 셸구조란 패각구조이다. 얇은 면은 평면이고 약하지만 곡면 모양이 되면 강하게 된다. 셸구조는 이 원리를 건물에 응용한 것이다.

Q 막구조는 어떤 구조물에 사용되나?

▼

A 경기장, 야구장 같은 대규모 공간의 지붕에 자주 사용된다.

프라이 오토 외의 설계인 뮌헨올림픽경기장(1972년)이 막구조로 유명하다. 일반가게에서 사용하는 텐트지의 차양, 가설인 텐트도 크게는 막구조이다. 이렇게 얇은 막을 사용한 구조가 막구조로 불린다. 막의 지탱방법은 다양하다. 뮌헨올림픽경기장의 경우는 장대에서 와이어로 매달고 있다. 이 경우는 현수식 구조에도 있는 것이다. 삼각형 텐트도 2개의 폴로 매다는 등의 현수식 구조로 유지된다. 돔형의 텐트는 폴을 아치형으로 만곡시키고 텐트지를 유지한다. 동경돔 등은 중간의 공기압을 높이는 것에 의해 막을 유지하고 있다. 또 공기를 띄우는 자루처럼 자루형태의 막 안을 빈틈없이 채워 부풀려 지붕을 만드는 등의 방법도 있다. 막은 영어로 멤브레인(Membrane)이라 하므로 멤브레인구조라고도 한다.

Q A4지 1장을 지붕재료, 신간서적 사이즈의 책 4권을 벽으로 해서 절판구조, 셸구조, 현수식 구조의 지붕모형을 만들면?

▼

A 아래 그림 같은 모형이 간단한 견본이다.

절판구조를 종이로 만드는 것은 간단해서 톱니처럼 접으면 된다. 아래 우측은 톱니를 도중에 반대로 꺾은 것이다. 얇은 종이로 꺾어 접은 것만으로도 강도가 생기는 것을 실감할 수 있을 것으로 생각한다. 셸구조는 터널 모양의 반원 모양이 가장 간단하다. 반원 모양으로 구부려서 아랫부분이 퍼지지 않도록 책으로 눌러주면 완성된다. 양측을 누르는 것이 포인트이고, 실제 건물에서도 이 누름이 없으면 지붕이 무너져버린다. 현수식 구조는 조금 무리한 경향이 있으나 종이 끝을 조금만 구부려 꺾어 책에 끼우고 거기에 매다는 형태를 만들어 보았다. 책이 약해서 설 수 없는 경우는 세로로 세우면 서게 된다. 표지의 안쪽에 꺾여진 종이 끝을 끼우면 완성된다. 매달아서 생긴 곡선을 현수곡선이라고 한다. 〈丹下健三設計〉의 국립요요기경기장은 현수곡선보다도 급격한 커브로 형태의 다이내믹함을 나타내고 있다. 구조적인 합리성만으로는 뛰어난 건물이 생겨날 수 없는 것과 같다.
이 건물에 관해서는 구조가 坪井善勝의 공헌도 간과해서는 안 된다.

Q 나무젓가락과 노란 고무줄을 이용해서 장방형과 삼각형을 만든다. 어느 쪽이 무너지기 쉽나?

▼

A 장방형쪽의 형태가 무너지기 쉽다.

장방형은 어디든 정점을 누르면 바로 평행사변형이 되며, 직각을 유지하는 것은 매우 어렵다. 한편, 삼각형은 형태를 그대로 유지하게 된다. 노란 고무줄로 적당히 묶어 만든 삼각형에서도 좀처럼 형태는 무너지지 않는다.
건물에서는 이 삼각형의 성질이 자주 이용되고 있다.

Q 트러스는 어떤 구조물에 사용하나?

▼

A 철교나 체육관 등 대공간을 만들 때 사용한다.

트러스(Truss)란 삼각형을 조합한 골조이다. 철교 등 토목구조물에 자주 사용된다. 또 지붕의 골조, 체육관 등의 커다란 공간을 가로지르는 보 등에도 사용된다. 트러스를 보 등의 선적인 부분만이 아닌 횡으로도 넓혀서 트러스만으로 평상이나 지붕 등의 면 전체를 만드는 것도 있고, 또 돔이나 터널 모양의 반원형 등의 셸도 트러스를 사용해서 짜는 경우가 있다.

'삼각형 모양은 무너지지 않는다.' 라는 원리를 사용해서 구조물을 만드는 것이 트러스의 기본이다. 하나하나의 재료는 가늘지만 트러스를 짜면 튼튼한 구조가 생겨나게 된다. 가볍고 비교적 저가로 커다란 구조물을 쌓아올릴 수 있다는 것이 트러스의 큰 장점이다.

Q 나무젓가락 7개와 노란 고무줄을 이용해서 트러스를 만들면 어떤 형태가 되나?

▼

A 아래 그림과 같은 모형이 간단한 견본이다.

그림은 정삼각형을 3개 합쳐 놓은 트러스이다. 위에서 눌러보면 의외로 강하다는 것을 알 수 있고, 반대로 트러스의 면과 직각으로 힘을 가하면 간단히 구부러지게 된다.

만들어 보면 많은 나무젓가락이 모이는 조인트 점이 문제이다. 실제 트러스에서도 조인트 부분이 포인트가 된다. 둥근 볼 모양의 조인트에 선재(線材)를 틀어박는 일도 많이 있고, 이 트러스를 전문으로 제작하는 업체도 있다.

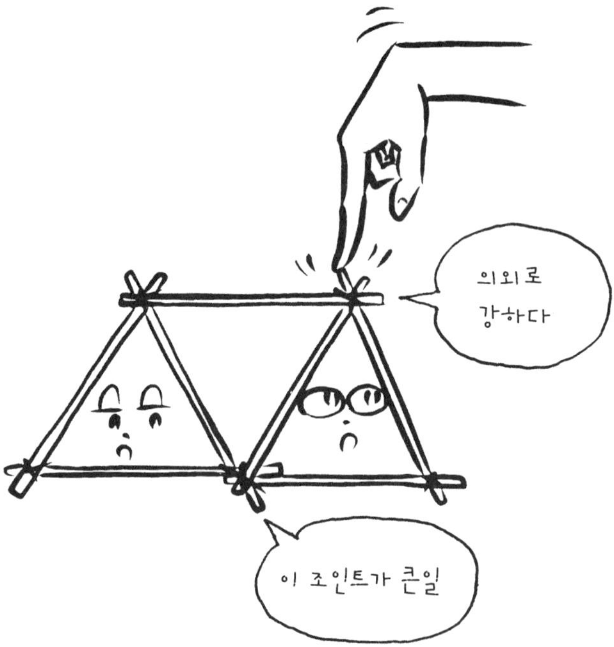

Q RC란?

▼

A 철근콘크리트이다.

RC는 Reinforced Concrete의 약자이고, Reinforce는 보강한다는 의미이다. 따라서 '보강된 콘크리트'가 원래의 의미이다.
Reinforce의 Re는 '다시'를 나타내는 접두어이고, in은 '안으로 넣는다'라는 의미이며, Force는 '힘'을 나타낸다. '다시 안으로 힘을 넣는다'란 원래 있는 힘에 힘을 더욱 가하는 것이고, 요컨대 보강하는 것이다.
콘크리트를 무엇으로 보강하는가 하면 철근으로 보강한다. 그러므로 RC란 철근콘크리트이다.
라멘구조, 벽구조 등은 어떻게 구조를 지탱하느냐는 구성방식의 분류이다. 한편, RC조, S조 등은 구조에 사용되는 재료에 의한 구분이다. 여기서 확실히 구별해두자.

라멘구조, 벽구조 → 구조의 구성방식에 의한 분류
RC조, S조, W조 등 → 구조의 재료에 의한 분류

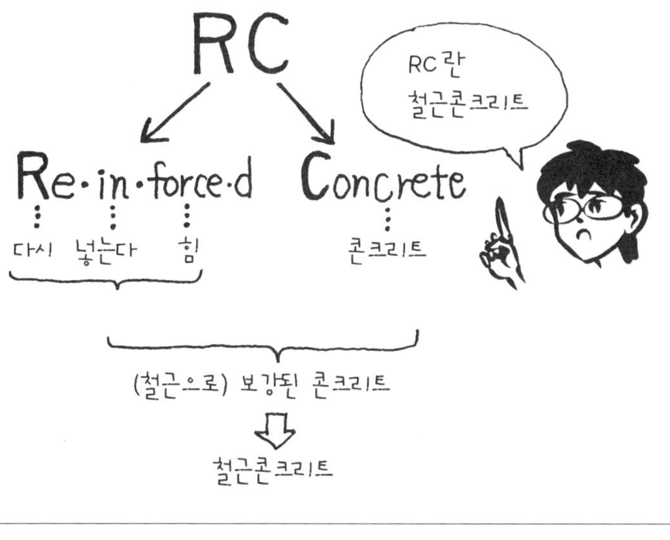

Q 콘크리트에 보강이 필요한 이유는?

▼

A 당기는 힘에 약하기 때문이다.

콘크리트는 압축에는 강하지만 당기는 힘에 약한 성질이 있다. 그 약하게 당기는 힘 쪽을 보강하기 위해 철근(철봉)을 대량 콘크리트 안에 파묻어 넣는 것이다.

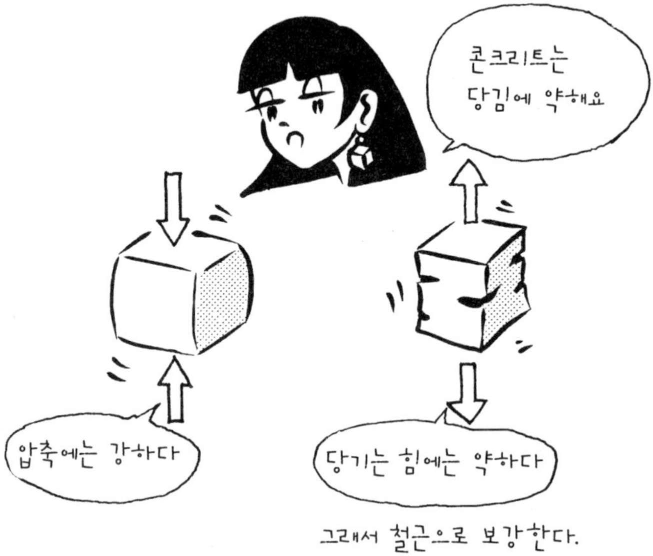

Q 콘크리트와 철은 열에 대한 팽창비율이 같다? 틀리다?

▼

A 거의 같다.

의외로 철도 콘크리트도 거의 같은 비율로 팽창하게 된다. 정확히 말하면 선열팽창계수(線熱膨脹係數)가 같다.
0℃일 때의 길이 L_0를 기준으로 해서 t℃일 때의 길이 t의 늘어난 비율(dL/dt)이 최초 기준의 몇 배인지[(dL/dt)/L_0]를 나타낸 것이 선열팽창계수인데, 콘크리트나 철도 선열팽창계수가 거의 같은 수치이다.
선열팽창계수가 같기 때문에 철근콘크리트가 가능해지고, 열에 대해서도 똑같이 팽창수축하기 때문에 철근과 콘크리트가 분리되지 않는다.
여기에서 철이라고는 했지만 정확히 말하자면 강철(鋼)이다. 철(Iron)에 탄소를 혼합하여 강철(Steel)이라고 한다.

Q 철근은 콘크리트 속에서 녹스나? 녹슬지 않나?

▼

A 녹슬지 않는다.

철은 물에 담그면 산화한 산화철(Fe_2O_3삼산화이철)로 된다. 산화철이란 소위 '붉은 녹' 이다. 이 산화는 산성에서 빨리 촉진된다. 그러나 알칼리성에서는 산화하지 않는다. 콘크리트는 알칼리성이므로 철은 산화하지 않고 녹도 발생하지 않는다. 따라서 철근콘크리트가 가능한 것이다. 콘크리트의 알칼리성이 없어지고 중성화되면 철근은 녹슬기 쉬워진다. 콘크리트는 표면에서 중성화가 진행된다. 그리고 내부의 철근이 녹슬면 그 팽창에 의해 콘크리트가 파열되고, 중성화는 콘크리트가 상하는 원인의 하나이다. 철근과 콘크리트는 콘크리트의 당기는 힘에 약한 점을 철근이 보강하게 되고, 콘크리트의 알칼리성 때문에 철근이 녹슬지 않는다. 열에 의한 팽창률은 철근도 콘크리트도 같다.라는 궁합이 잘 맞아서 생성되었다.

철근콘크리트의 성질은 다음과 같다.

① 철근이 콘크리트의 당기는 힘에 약함을 보강한다.

② 철근은 알칼리성 콘크리트 속에서는 녹슬지 않는다.

③ 철근과 콘크리트는 열에 의한 팽창비율이 같다.

Q 1. 콘크리트는 ( ) 힘에 약하므로 철근으로 보강한다.
2. 콘크리트와 철근의 선열팽창계수는 같다?
3. 콘크리트는 ( )성이므로 내부의 철근은 녹슬지 않는다.

▼

A 1. 당기는
2. 거의 같다
3. 알칼리

이 3가지의 포인트는 잘 기억해두자.
A1은 RC의 어원 그 자체이다. 콘크리트는 당기는 힘에 약하기 때문에 철근으로 보강하게 된다. 보강된 콘크리트를 Reinforced Concrete라 하고 이것을 줄여서 RC라고 한다. A2는 철근과 콘크리트, 양쪽 모두 열에 의한 신축률이 거의 같다는 것이다. 그 때문에 열이 더해져도 한쪽만 팽창해서 벗겨져 떨어지는 일없이 양쪽의 일체성이 유지된다. A3은 콘크리트가 알칼리성이므로 철은 녹슬지 않는다. 그러나 알칼리성이 중성화되면 철근은 녹슬게 되므로 콘크리트의 중성화는 좋지 않은 현상이라고 할 수 있다.

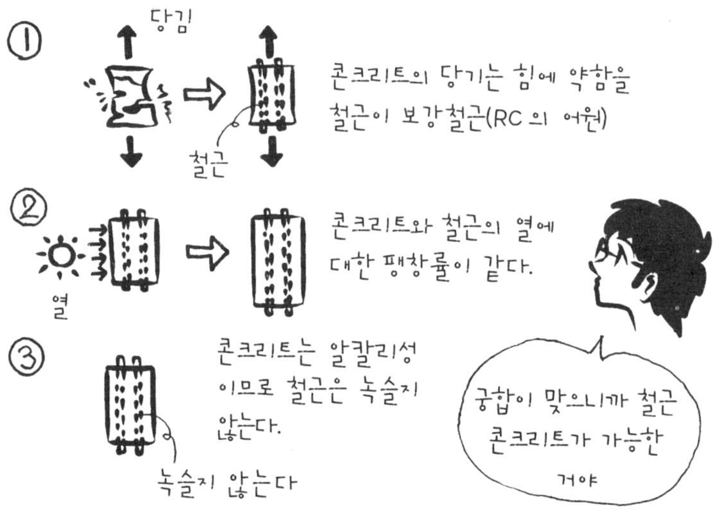

Q RC조 건물의 단점은?

▼

A **가격이 비싸다, 무겁다, 견고해서 균열이 생기기 쉽다, 열이 전달되기 쉽다, 지붕이 평평(평지붕)하면 방수가 어렵다 등이다.**

우선 가격이 비싸다는 것. 목조의 약 2배의 비용이 든다. 평단가로 목조가 일반적으로 500만 원 정도인 것에 비해서 RC조는 약 1,000만 원이 든다. 다음으로 중량이 무겁기 때문에 소리나 진동 등이 통과하지 못하는 이점도 있지만 무거운 부분, 슬래브, 기둥, 보, 기초, 기초 아랫부분 등을 단단하게 만들어야 한다. 또 콘크리트는 시멘트가 굳을 때 수축하게 된다. 그 때문에 크랙(균열)이 생기기 쉽고, 지진이나 태풍 등으로 건물에 커다란 힘이 가해지면 유연하게 변형되지 못하고 갈라져버린다. 이러한 균열로 인해 물이 침투하여 철근이 녹슬면 콘크리트가 붕괴되는 것이다. 또 태양열은 콘크리트를 통해 실내로 들어오게 되기도 하고, 반대로 실내의 열이 밖으로 빠져나가게 된다. 이를 막기 위해 단열재가 필요한 것이다. 더욱이 RC조에서는 지붕을 평평하게 하거나 옥상을 만드는 경우가 많지만 경사지붕과 달리 비가 새기 쉬워진다.

Q RC조 건물의 장점은?

▼

A 내화성, 내진성, 내부후성, 방음성, 내파괴성 등이 있다.

RC는 철근으로 보강된 인공적인 돌에 의한 건물이라고 할 수 있다. 그 때문에 타지 않는다, 좀처럼 부서지지 않는다, 부패하지 않는다, 차음성이 높다고 할 수 있다. 한마디로 튼튼한 건물이다.

군사시설이나 원자력발전소가 모두 RC조인 것은 이 때문이다. 또 목조의 기초가 RC로 만들어지는 것도 흙 속에서 부패하지 않고, 무게에도 견딜 수 있는 강도가 있기 때문이다.

Q RC를 만드는 대략적인 순서는?

▼

A 대략적인 것은 다음과 같다.

① 콘크리트를 흘려 넣는 틀을 판으로 만든다.

② 틀 속에 철근을 조립한다.

③ 단단해지기 전에 생콘크리트를 거푸집에 흘려 넣는다.

④ 굳을 때까지 기다린다. ⑤ 굳으면 틀을 벗겨 완성한다.

콘크리트를 흘려 넣는 틀을 거푸집이라고 한다. 콘크리트의 형태를 만드는 틀입니다. 거푸집과 철근공사는 동시에 진행되는 일이 자주 있다. 가령 벽의 경우, 한쪽 방향의 거푸집을 만들고, 다음으로 철근을 조립한 후 다른 쪽의 거푸집을 만든다. 거푸집을 한 번에 만들어버리면 안에 넣을 철근을 조립할 수 없기 때문이다. 또 거푸집을 만드는 판을 석판이라 하고, 콘크리트를 새지 않도록 하는 판입니다. 보통은 가공이 쉬운 합판이 사용되지만 규모가 큰 토목건물에서는 철강제품의 판이 사용되는 경우도 있다. 시멘트, 자갈, 모래, 물을 혼합한 생콘크리트는 하루 정도 지나면 상당히 굳어서 그 위를 걸을 수 있을 정도가 되고, 4주간 소정의 강도가 나오게 된다. 4주 후의 강도를 4주 강도(28일 강도)라 하고, 강도의 기준이 된다.

Q 콘크리트 믹서차의 드럼이 빙글빙글 회전하고 있는 것은 무엇 때문일까?

▼

A 자갈 등이 시멘트와 분리되지 않도록 또 생콘크리트가 굳지 않도록 빙글빙글 휘저으며 섞고 있는 것이다.

믹서(Mixer)는 혼합한다는 의미의 '믹스(Mix)'에서 온 것이다. 애지테이터 트럭(Agitator Truck)이라고도 하지만 '애지테이트(Agitate)'란 휘저어 뒤섞는다는 의미이다. 또 드럼(Drum)은 큰북의 원뜻으로 예를 들면 드럼통은 큰북 모양의 통이라는 것이다. 생콘크리트는 콘크리트 공장에서 조합한 후 공사현장에 도착하여 거푸집에 집어넣을 때까지 잘 섞여 있지 않으면 안 된다. 또 경화되어서도 안 된다. 아래에 자갈이 가라앉고 일부가 굳어버리면 쓸모없게 된다. 그래서 믹서차는 드럼이 회전하도록 되어 있고, 내부에 블레이드(blade)가 붙어 있어 휘저으며 섞을 수 있도록 되어 있다. 현장 도착 후에는 역회전시켜 블레이드에 의해 생콘크리트는 드럼 위쪽으로 옮겨지고 출구방향으로 꺼낼 수 있게 된다. 회전드럼을 장착한 믹서차에서 옮기는 경우에도 시간제한은 있다. 조합해서 집어넣을 때까지의 시간은 기온에 따라 1.5~2시간 이내로 시간의 기준도 정해져 있다. 시간이 너무 걸리면 경화가 진행되기 때문이다.

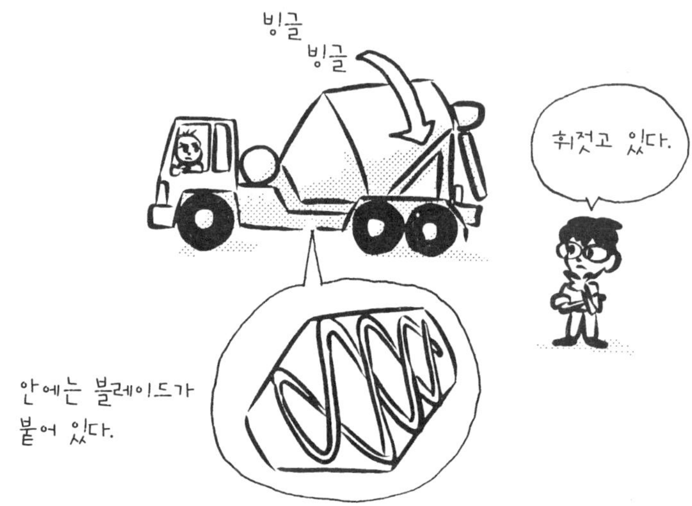

Q 콘크리트 믹서차에서 옮긴 생콘크리트를 현장에서는 어떻게 집어넣나?

▼

A 콘크리트 펌프차를 이용해서 거푸집 상부까지 생콘크리트를 옮겨 집어넣는 것이 일반적이다.

콘크리트 펌프차는 위쪽까지 뻗어서 생콘크리트를 펌프에서 위까지 간단하게 압송할 수 있다.
작은 부분에 집어넣을 때는 고양이(네코 猫車)로 불리는 일륜차를 사용해서 인력으로 운반하는 경우도 있다. 콘크리트 펌프차에서 압송할 때 압송하기 쉽도록 물을 넣는 경우가 있다. 그러나 현장에서의 가수(加水)는 현장에서 조합할 때 외에는 절대로 해서는 안 된다. 물의 양이 증가하면 콘크리트강도는 약해지고 내구성도 떨어지기 때문이다. 통상적으로 「샤브콘」이라든지 「샤브콘」이라 불리며 경계하고 있다.

Q 거푸집은 석판과 무엇으로 만드나?

▼

A 지보공(支保工)으로 만든다.

생콘크리트는 1m³에 2.3t 전후로 매우 무겁고 물의 2배 이상의 무거움이 있다. 그리고 판(석편)만으로 틀을 만들면 위에서 흘러들어오는 경우 간단히 무너져 버린다.

거기서 석판이 무너지지 않도록 파이프나 각재 등으로 지탱할 필요가 있다. 떠받쳐 지탱하기 위한 공사라는 의미로 지보공이라고도 불린다.

지보공을 구성하기 위해서는 여러 가지 철물도 필요하게 된다. 우선 '거푸집 = 석판 + 지보공' 이라고 기억해두자.

Q 콘크리트 제물마감이란?

▼

A 콘크리트를 친 후 도장이나 타일 붙이는 등의 마무리를 전혀 하지 않는 방법이다.

콘크리트를 쳐서 거푸집을 벗겨낸 것 또는 쳐서 그대로 벗겨냈다는 의미이다. 제물마감은 건축가가 선호하는 방법이다. 완성은 빠르지만 더러움이 눈에 띄고, 단열성이 나쁘거나 내구성이 떨어진다. 쾌적성이나 내구성 면에서는 될 수 있으면 하지 않는 쪽이 무난할 것이다.
필자는 많은 RC 제물마감 작품을 봤지만 오래된 것은 역시 흠집이 심한 것 같다. 루이스 칸 작품들은 콘크리트 타방치고는 깨끗한 편이다. 시공 상황 정도에 따라 많은 차이가 나므로 제물마감으로는 거푸집공사, 철근공사, 콘크리트공사에 신경쓸 필요가 있다.

Q 발수재란?

▼

A 콘크리트에 포함된 물을 튕겨내는 투명한 액체로 콘크리트 제물마감면에 칠하는 경우가 많다.

콘크리트 자체에도 내수성은 있지만 약간 스며든다. 발수재를 바르는 것은 물을 튕겨낼 뿐만 아니라 더러움이나 곰팡이가 생기지 않게 하며, 콘크리트 내구성도 증대시킨다. 발수재는 콘크리트 면에 도막을 만들지 않고 약간만 스며들어 발수성을 발휘하는 제품이 자주 사용된다. 도막을 만들면 젖은 듯한 광택이 나타나게 되어 콘크리트 제물마감의 독자적인 질감이 없어져버리기 때문이다.

단, 발수재의 효과는 5~10년 정도이므로 정기적으로 다시 발라주어야 한다. 또 실리콘을 함유한 발수재의 경우는 그 위에 도장할 수 없는 경우가 있으므로 도장 전에 그 성분을 조사할 필요가 있다.

Q 프리캐스트 콘크리트란?

▼

A 현장이 아닌 공장에서 사전에 거푸집에 넣어 만든 콘크리트이다.

프리(Pre)란 '사전에', '앞서' 라는 의미의 접두어이다. 캐스트(Cast)란 '틀에 넣어 만드는', '주조한다' 는 의미이다.

프리캐스트란 미리 틀에 넣어 만든다는 의미이고, 프리캐스트 콘크리트(Precast Concrete)란 사전에 틀에 넣어만든 콘크리트를 의미한다. 프리캐스트(Precast)를 줄여서 PC라고도 한다. 콘크리트는 일반적으로 현장에서 틀을 만들어서 생콘크리트(굳기 전의 콘크리트)를 흘려 넣어 만들지만 프리캐스트 콘크리트는 미리 공장에서 생산된 콘크리트이다. 현장에서 만드는 것보다 관리가 쉽고, 벽판 등도 바닥 위치로 해서 만들 수 있기 때문에 신뢰성 높은 제품을 만들 수 있다.

프리캐스트 콘크리트 판으로는 벽이나 바닥에 사용하는 것(PC판), 보 등의 부재로서 사용하는 것(PC보) 등 다양한 종류가 있다. 프리캐스트 콘크리트 판을 트럼프 카드처럼 조합하여 집합주택을 만드는 구법 등에도 사용되고 있다. 프리캐스트와 같이 프리스트레스트(Prestressed), 프리패브(Prefabrication) 등도 건축용어로서 자주 나온다. 프리스트레스는 사전에 힘을 가해두는 것, 프리패브는 사전에 제조해 두는 것이다.

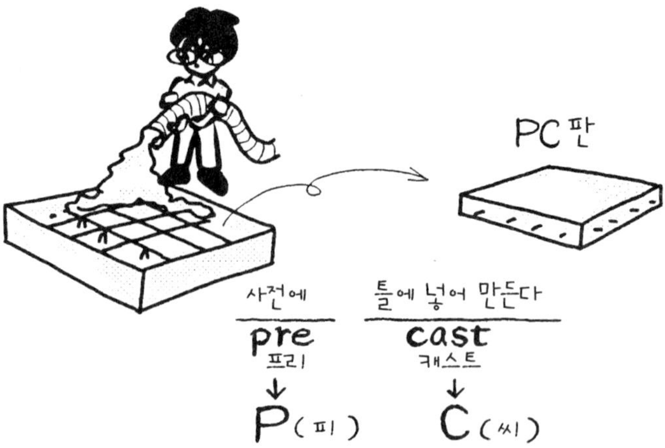

Q 콘크리트 성분은?

▼

A 자갈과 모르타르이다.

모르타르는 시멘트, 모래, 물로 만들어져 있다. 콘크리트는 자갈을 모르타르라는 접착제로 굳힌 인공적인 돌이다.
자갈은 새끼손가락 끝 정도 크기의 것을 사용하고, 모래는 모래사장의 모래 크기 정도인 것, 시멘트는 분말이다. 시멘트와 모래와 물을 혼합해서 모르타르를 만든다. 건축에서는 모르타르만 사용하는 경우도 자주 있다.

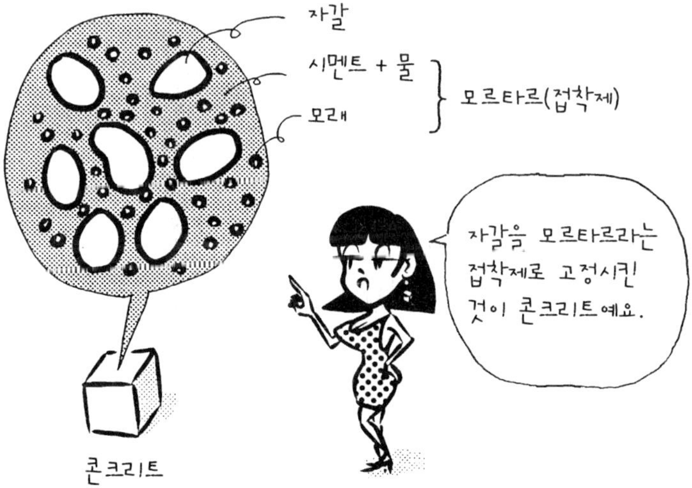

Q 시멘트의 원료는?

▼

A 석회석이다.

석회석과 점토를 분쇄해서 혼합하고 태워서 석고를 더하여 시멘트를 만든다. 석회석은 일본에서 풍부하게 산출되고 동경 근교에서는 치찌부(秩父)의 부코우산(武甲山)이 유명하다. 코우산의 정상은 절반이 절벽형태로 되어 있지만 그것은 석회석을 오랜 세월에 걸쳐 채굴했기 때문이다. 지금까지도 매일 다이너마이트(발파) 소리가 끊이지 않고, 코우산의 반 정도가 시멘트공장의 처마가 연이어 있고 트럭들이 쉴 새 없이 다니고 있다.

석회석은 산호나 조개 등이 쌓여 눌려서 생긴 퇴적암이고, 탄산칼슘($CaCO_3$)을 주성분으로 한다. 시멘트만이 아니라 제철에서도 사용되기 때문에 일본 근대화에 없어서는 안 되는 원료였고, 코우산의 깎여진 모습은 일본의 근대화가 갖는 유산으로 볼 수 있다.

Q 포틀랜드 시멘트란?

▼

A 건축공사에 사용되는 시멘트이다.

굳은 시멘트의 질감이 영국의 포틀랜드섬(Isle of Portland)산 석회석과 비슷하다고 해서 '포틀랜드 시멘트'라고 불리게 되었고, 일반적으로 시멘트라고 하면 포틀랜드 시멘트이다.
포틀랜드 시멘트 이외에는 고로슬래그를 혼합한 고로시멘트, 실리카를 혼합한 실리카 시멘트, 플라이 애시 시멘트 등이 있다. 모두 포틀랜드 시멘트에 다양한 성질을 혼합한 것이다.
먼저 포틀랜드 시멘트와 보통 시멘트를 기억해두자.

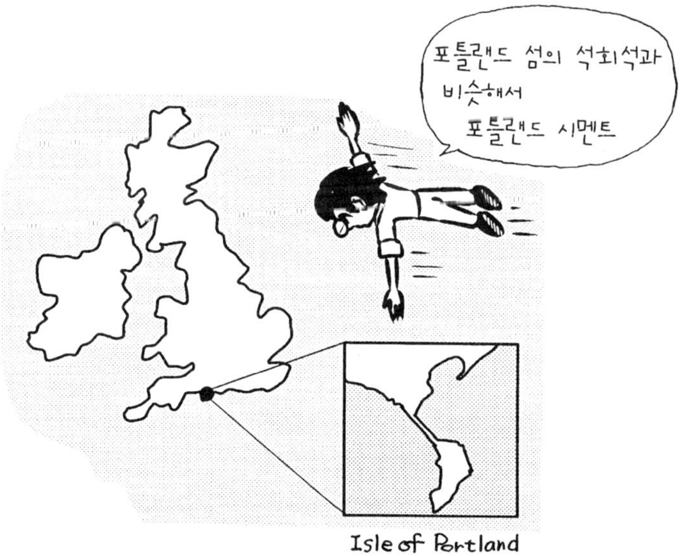

Q 콘크리트는 산성? 알칼리성?

▼

A 알칼리성이다.

시멘트의 주성분, 산화칼슘(CaO)에 물이 더해지면 수산화칼슘($Ca(OH)_2$)이 생기고, 알칼리성으로 된다. 수산화칼슘의 수산화물이온(OH)이 알칼리성을 갖고 있기 때문이다.

[Super 기억술]

잘 (콘크리트) 걸어가자 (알칼리성)

Q 도로나 주차장에 사용되는 아스팔트는 콘크리트와 같은가? 다른가?

▼

A 다르다.

아스팔트는 원유에서 만들어지는 기름의 일종이다. 그 아스팔트에 자갈, 모래 등의 골재를 넣어서 도로포장 등에 사용한다. 아스팔트에 자갈, 모래 등 골재를 넣은 것을 아스팔트 콘크리트(줄여서 아스콘)라고 한다. 단, 시멘트로 만든 콘크리트와는 전혀 다른 것이다.

원유에서 가솔린, 등유, 경유, 중유를 채취하고 남은 찌꺼기가 아스팔트이다. 남은 찌꺼기를 이용해서 도로 등을 만들고 있는 것이다. 다만, 최근 아스팔트 포장에는 다양하게 조합된 질 좋은 아스팔트가 사용되고 있다.

아스팔트는 기름이므로 물을 튕겨내는 성질이 있어 방수재로도 사용되고 있다. 또 시멘트에서 만들어진 콘크리트와 달리 강도가 약하고, 열을 가하면 약해지며, 얇은 아스팔트 포장에서는 잡초가 아스팔트를 뚫고 나오는 일도 있다.

Q 콘크리트 속 자갈, 모래를 무엇이라고 하나?

▼

A 뼈대가 되는 재료라는 의미에서 골재라 한다.

자갈은 거친 골재이므로 조골재, 모래는 미세한 재료이므로 세골재라고 한다.

자갈 → 조골재
모래 → 세골재

이 골재를 시멘트에 혼합해서 굳게 한 것이 콘크리트이다. 모래만으로는 콘크리트가 될 수 없다. 작은 돌맹이＝자갈을 혼합하는 것이 콘크리트의 포인트이다. 대량의 작은 돌(자갈)을 시멘트＋모래＋물＝모르타르에서 굳힌 것이 콘크리트이다.
일반적으로 자갈은 콘크리트 체적의 약 40%, 모래는 약 30%를 차지한다. 골재는 합하면 약 70%를 차지하게 된다.

자갈 (조골재) → 40%
모래 (세골재) → 30%

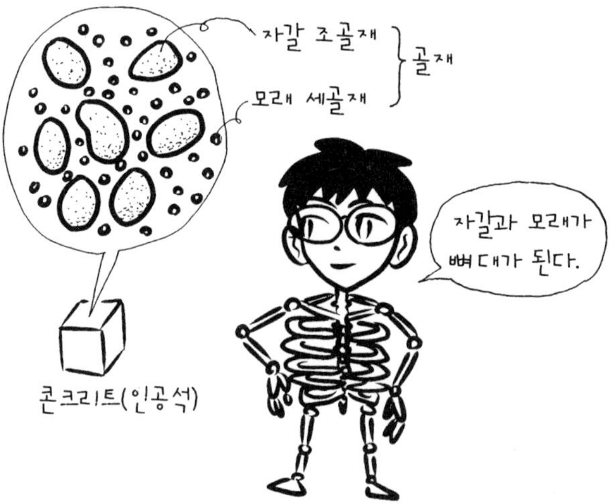

Q 시멘트에 물을 가하면?

▼

A 굳는다.

시멘트와 물을 합하면 화학반응을 일으켜 돌처럼 굳어버린다. 시멘트+물을 시멘트 페이스트라 하고, 페이스트(Paste)는 풀이므로 시멘트 페이스트를 직역하면 시멘트 풀이 된다. 모르타르는 접착제로서 건축에 많이 사용되지만 그 접착작용의 근원은 시멘트 페이스트=시멘트 풀에 있다. 시멘트 페이스트는 노로라고도 한다. 거푸집 틈새에서 나오는 시멘트 페이스트를 가리켜 노로라고 하는 경우가 많은데, 다시 말하면 노로는 나쁜 의미로 사용되고 있다. 시멘트 페이스트에 모래를 더하는 것이 모르타르이고, 모르타르에 자갈을 더한 것이 콘크리트이다. 콘크리트와 모르타르가 굳는 것은 이 시멘트의 성질에 의한 것이다.

시멘트
+물
——— 시멘트 페이스트(노로)
+모래
——— 모르타르
+자갈
——— 콘크리트

물과 합쳐져 일어나는 반응을 수화반응이라고 한다. 또 물과 합치면 굳는 시멘트의 성질을 수경성이라고 한다. 물과 화합(和)해서 일어나는 반응, 물과 함께 경화(硬)하는 성질로서 문자 그대로의 의미이다.

Q 1. 시멘트+물=?
2. 시멘트+물+모래=?
3. 시멘트+물+모래+자갈=?

▼

A 1. 시멘트 페이스트
2. 모르타르
3. 콘크리트

용어가 여러 개 나오므로 여기에서 한 번 더 복습해두자!
접착제로서 시멘트 페이스트에 모래나 자갈이란 골재를 넣는 것에 따라 모르타르나 콘크리트가 생긴다. 전부 시멘트가 물과 반응해서 굳는 수화반응, 수경성에 의한 것이다. 더욱이 굳기 전의 콘크리트를 생콘크리트라고 한다. 생콘크리트는 일반용어지만 학술적으로는 프레시 콘크리트(신선한 콘크리트)로 불린다.

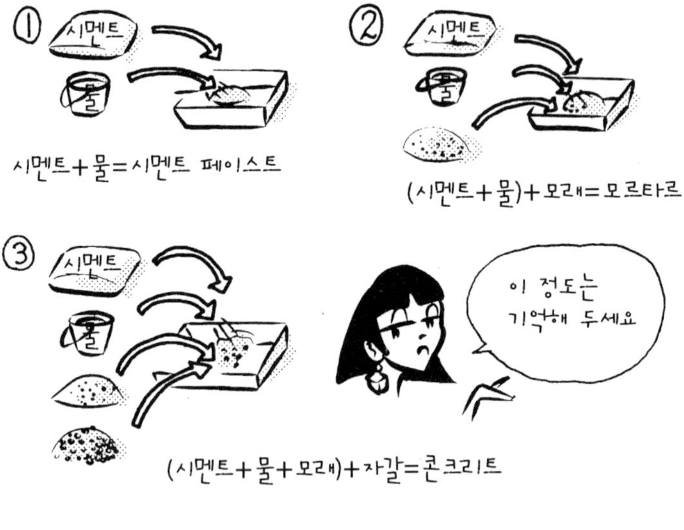

Q 물시멘트비(比)란?

▼

A 시멘트 페이스트 속 물과 시멘트의 중량비율이다.

'물시멘트비=물의 중량/시멘트의 중량'이 식이다. 물시멘트비의 순서는 '물÷시멘트'로 기억해두자.

콘크리트의 압축강도는 기본적으로 물시멘트비로 결정하게 된다. 물이 너무 많으면 강도는 약해지고, 물이 적은 쪽이 강하기 때문이다.

물시멘트비 → 강도의 지표

다만, 물이 너무 적으면 생콘크리트가 흘러내리기 어렵고, 시공성(가동성)도 나빠진다. 그래서 시공성을 확보할 수 있는 범위 내에서 물시멘트비를 적게 할(물을 적게 함) 필요가 있다.

또 물이 적어서 흐르기 어려운 경우는 기포를 발생시킨 볼베어링효과로 쉽게 흐르게 하는 AE제 등을 첨가하는 경우도 있다. AE제를 첨가하는 것에 따라 수(물)량을 억제한=물시멘트비가 작은 콘크리트로 할 수 있다. 물시멘트비는 콘크리트의 종류에 따라 65% 이하, 60% 이하로 결정된다.

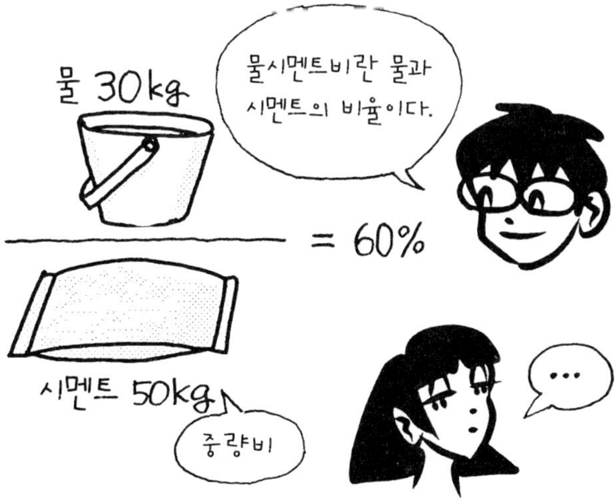

Q 슬럼프란?

▼

A **슬럼프 콘이란 양동이에 생콘크리트를 넣고 콘을 벗겨냈을 때 얼마나 생콘크리트 산이 가라앉는가 하는 값이다.**

슬럼프 콘이란, 높이 30cm, 아랫면 직경 20cm, 윗면 직경 10cm의 원추형(Cone)이다. 슬럼프(Slump)에는 쿵하고 떨어진다는 의미가 있다. 슬럼프에 빠진다는 것이 슬럼프이다. 생콘크리트를 쿵하고 떨어뜨리기 위한 원추형 양동이가 슬럼프 콘이다. 슬럼프 콘은 윗면에도 구멍이 뚫려 있어서 거기에 생콘크리트를 밀어 넣고 막대기로 잘 쑤셔서 콘 전체에 생콘크리트를 골고루 퍼지게 하기 위함이다. 그리고 콘을 뽑아내면 생콘크리트 산이 생기지만 콘의 형태보다 낮고 넓은 형태로 된다. 얼마나 낮아졌는가를 측정하면 생콘크리트의 유연함을 알 수 있다. 30cm에서 얼마나 낮아졌는가, 얼마나 가라앉았는가를 슬럼프 혹은 슬럼프 값이라 한다. 30cm에서 산 높이까지 잰 거리가 슬럼프이다. 슬럼프로 생콘크리트의 유연함을 알 수 있고, 유연하다는 것은 시공하기 쉽고, 가동성이 좋다는 것이다.

슬럼프 → 시공성의 지표 : 큰 만큼 유연해서 시공성이 좋다.
물시멘트비 → 강도의 지표 : 작은 만큼 물이 소량이므로 강도가 강하다.

슬럼프와 물시멘트비는 콘크리트의 2대 지표이다. 여기서 기억해두자. 슬럼프는 통상 18cm 정도, 물시멘트비는 60% 정도이다. 산의 가라앉음을 측정하는 것이 슬럼프이지만 산의 퍼짐을 측정하는 것을 슬럼프플로우라고 한다. 슬럼프플로우는 산의 최대 지름을 측정한다.

Q 건물 구조 부분, 골조 부분을 가리켜서 무어라 하나?

▼

A 구체라고 한다.

구체의 '구(軀)'란 몸통을 말한다. 건물에서 구체란 기둥, 보, 바닥, 벽 등의 구조부분을 가리키고, 구조구체라고도 한다.

구체란 말은 철골조(S 조), 목조(W 조)에서도 쓰인다.

RC 라멘구조의 경우 벽은 구조에 쓰이지 않을 때도 있지만 현장에서는 구체라고 한다. 즉 RC 조 건물의 경우 마지막 공정이나 설비를 제외한 콘크리트 부분을 가리켜 구체라 하고, 단단한 부분을 가리켜서도 구체라 하는 것이다.

Q 벽이나 상판의 두께는 콘크리트 판의 두께와 같을까? 다를까?

▼

A 다르다.

마지막 공정이므로 두께는 콘크리트 판보다도 상당히 커지게 된다. 벽은 콘크리트 면에서 거리를 두어 석고보드(플라스터 보드) 등을 깔고, 그 위에 비닐 크로스를 붙인다. 따라서 콘크리트 면에서 벽 표면까지 4~5cm 이다. 외벽의 경우 바깥측에 타일이나 돌 등의 마무리 공정재료를 깔고 단열재를 외측이나 내측에 붙이므로 내벽보다도 더욱 두껍게 된다. 천장은 콘크리트 면에서 석고보드(플라스터 보드) 등을 매달아 붙이고 그 위에 비닐 크로스를 붙인다. 또 바닥은 콘크리트 면에서 띄워서 플로어링을 깔게 되므로 바닥의 두께도 천장 안에서 바닥 아래까지 포함하면 상당히 커지게 된다. 콘크리트 그대로 마무리 공정에 사용한다든가, 콘크리트 면을 칠하는 방법의 마무리 공정도 있지만 일반적으로 조금 거리를 두고 마무리 공정 판 등을 깐다. 콘크리트 기둥의 크기가 80cm 각이어도 마무리 공정을 하고나면 90cm 각이나 100cm 각이 된다.

Q RC 라멘구조의 벽, 상판(상슬래브)의 두께는?

▼

A 약 15cm(20cm)이다.

콘크리트의 판두께는 벽이나 바닥도 약 15cm 정도이다.
벽구조의 경우는 벽을 18cm 나 20cm 로 하는 경우도 있다.
또 외벽의 경우 외측만 콘크리트를 두껍게 하는 증타(增打)를 2~3cm로 하는 경우도 있다. 바닥의 두께가 증가하면 위 계단의 진동이나 소리가 들리지 않는다. 고급맨션에서는 상슬래브 두께를 30cm나 40cm로 하는 경우도 있다.

Q RC 구체의 도면표기는?

▼

A 45도 사선 3개로 나타난다.

축척이 1/50, 1/30 1/20 정도의 도면이라면 구조구체와 마무리 공정 재료를 구별해서 그리기 위해 어느 쪽이 구조구체인가를 표시하는 기호가 필요하게 된다. RC구체의 경우 45도선 3개로 정해져 있다.

사선 표기의 간격은 적당히 넣는다. 요컨대 구체라고만 알면 된다. 그리고 구체로 알기 쉽도록 아미 점을 넣는 경우도 있다.

CAD가 보급되고 있는 요즘은 더욱 보기 쉽게 도면표현이 가능하게 되어 있다.

ALC패널은 경량발포 콘크리트로 콘크리트를 경석모양으로 한 가벼운 판이고, 가격이 싼 S조의 건물에 자주 사용된다.

축척이 1/5, 1/2 정도가 되면 3개의 선으로는 대충 보이기 때문에 콘크리트 단면 같은 자갈 모양을 그리면 된다.

Q 라멘구조(테이블)에서 4개의 기둥으로 둘러싸인 크기는?

▼

A 7m × 7m = 49㎡ 정도이다.

기둥과 기둥의 간격은 스팬(Span, 보간 거리)이라고 불리는데 7m 정도가 표준이다. 7m × 7m로 약 50㎡의 상판을 지탱하는 것이 효과적인 스팬이다. 7m × 7m 같은 정방형이 아닌 5m × 10m 등의 장방형도 상관 없다. 요컨대 테이블 같은 형태면 된다.

3LDK 정도의 분양 패밀리 맨션에서는 1집을 4개의 기둥으로 지탱하는 것이 일반적이다.

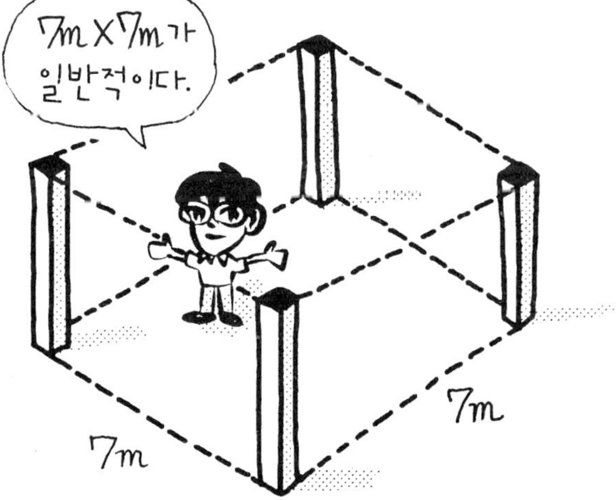

Q RC 라멘구조 기둥은 각층에서 두께(기둥지름)는 같을까? 다를까?

▼

A 다르다. 위층으로 갈수록 가늘어지는 것이 일반적이다.

기둥의 두께는 스팬의 약 1/10 이다. 7m 스팬은 약 70cm(700mm)이다. 1층이 700, 2층이 650, 3층이 600mm 의 기둥 지름으로 하는 경우가 종종 있다. 상층일수록 기둥에 걸리는 힘이 작아지기 때문이다. 그러면 위로 갈수록 기둥이 가늘어지므로 기둥의 중심선(기둥심)이 어긋나게 되고, 외벽 부분에서는 벽의 중심선(벽심)을 어긋나지 않게 기둥심을 조금 옮기는 것이 일반적이다. 벽에 가까이 댈 수 있도록 각층에 기둥을 배치하는 이유이다. 기둥을 상하층에서 똑바로 맞추면 외벽이 점점 안쪽으로 들어오게 되고, 또 각층에서 바닥면적은 달라지게 된다. 벽을 수직으로 세우기 위하여 기둥심 쪽을 조금씩 옮기는 것이다.

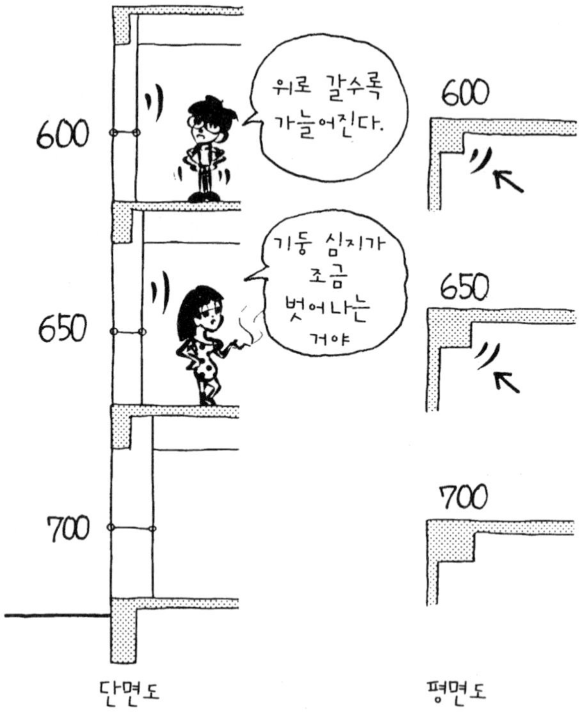

Q RC 라멘구조의 보 높이(梁成)는 기둥에서 기둥 거리(보간 거리, 스팬)의 몇 분의 1 인가?

▼

A A 약 1/10이다.

보의 높이는 건축실제의 가정단면 산정에 있어 중요한 값이 된다. 라멘구조의 보 높이는 스팬의 약 1/10 이다. 이 1/10 이라는 숫자를 기억해두자.
7m 스팬의 보는 보 높이가 7m × 1/10 = 70cm 가 된다.
보 높이는 보의 아랫단에서 상판(상슬래브) 윗단까지를 말한다. RC 에서는 보와 상슬래브는 일체로 되어 있기 때문에 보 높이는 마루 위까지의 길이가 된다. 보 높이는 스팬의 약 1/10이지만 아래층으로 갈수록 보에 걸리는 힘이 커지므로 같은 스팬에서도 보 높이는 커진다. 보 높이는 기초보가 가장 크고, 2, 3층 건물에서 1.5~2m 도 있다.
기둥의 굵기(지름)도 스팬의 약 1/10 이다. 7m 스팬이면 기둥의 굵기는 약 70cm 각이다. 이것도 아래층으로 갈수록 굵어진다.
철골조(S 조)의 라멘구조의 경우는 RC 조 보다도 보 높이를 약간 낮게 할 수 있고 1/12~1/15 에서도 가능하다.

Q 보의 단면은 단변방향(縱長)과 장변방향(橫長) 어느 쪽이 유리할까?

▼

A 단변방향(縱長)이 유리하다.

보는 위에서 무게가 가해지기 때문에 만곡시키려고 하는 힘, 즉, 굽어지게 만들려고 하는 힘(휨모멘트)이 작용한다. 그 힘에 대항하려면 단변방향이 유리하다. 플라스틱 자나 가는 막대기 등을 실제로 구부려보면 바로 이해할 수 있다. 자의 좁은쪽 면을 세로로 구부리려고 하면 좀처럼 구부릴 수 없다. 그러나 좁은 면을 가로로 구부리면 휘청하고 간단하게 구부릴 수 있다. 보는 바닥의 하중을 지탱하기 때문에 아랫방향으로 커다란 힘이 가해진다. 기둥에는 윗방향의 힘이 가해지고 정확히 중앙 부근에서는 아랫방향으로 구부리려고 하는 힘, 기둥 부근에서는 윗방향으로 구부리려고 하는 힘이 작용한다. 그 힘에 대항하려면 단변방향의 힘이 유리하게 된다. 목조보에서도 단변방향의 단면에 배치한다. 철골보는 보통은 H형 강철을 사용하지만 H를 가로방향으로 한 형태로 해서 구부리려고 하는 힘에 저항시킨다. 이 경우에도 종장이 유리하다. 보의 단면은 단변방향이 일반적이지만 천장 속에 설비배관이 설치되지 않는 곳에서 부분적으로 장변방향으로 하는 경우도 있다. 이 경우는 단면적을 크게 할 필요가 있다.

Q RC 라멘구조 보의 폭은 높이의 몇 분의 1인가?

▼

A 약 1/2~2/3이다.

보의 단면형은 정방형으로 되는 일이 전혀 없고, 단변방향이 보통이다. 보 폭은 보 높이의 1/2~2/3 정도이다.

보 높이가 70cm일 때 보 폭은 35~40cm 정도가 된다. 정확히 구조계산으로 구하지만 대략 보 폭은 보 높이의 반 정도로 기억해두자.

보는 단변방향이 구조적으로 유리하고, 철골보나 목조보에서도 같다. 목조의 노출된 보를 잘 관찰해보면 단면이 장변방향이 아닌 단변방향으로 사용되고 있다. 그것은 보 내부에 걸리는 휨모멘트라는 힘에 저항하는 데는 단변방향이 유리하기 때문이다.

가장 아래에 있는 기초보는 다른 보에 비해 훨씬 단변방향이다. 높이 150cm에 대해서 폭이 50cm 정도이다. 기초보는 보 높이가 커지는 만큼 단변방향의 정도도 커지게 된다.

Q 벽구조(골판지 상자)에서 상자의 아래 각 변의 길이는?

▼

A 5m × 6m = 30㎡ 정도가 경제적인 크기이다.

벽구조는 주로 집합주택에서 사용되며, 방 2개 정도를 한 개의 상자로 하는 경우가 많다고 할 수 있다. 이 상자 몇 개를 나열해서 커다란 건물을 만든다.

벽구조(골판지 상자)는 라멘구조(테이블) 보다도 소규모 건물에 사용된다. 비용이 싸다는 것이 벽구조에 있어 최대 장점이다.

라멘구조(테이블) → 7m × 7m ≒ 50㎡ 정도가 경제적 스팬
벽구조(골판지 상자) → 5m × 6m = 30㎡ 정도가 경제적 스팬

Q 큰보와 작은보의 차이는?

▼

A 큰보는 기둥에서 기둥으로 걸치는 보이고, 작은보는 보에서 보로 걸치는 보이다.

큰보는 기둥끼리 묶는 보이다. 테이블에 비유하면 다리와 다리에 걸치는 가로막대이다. 다리와 가로막대로 직각을 확실히 유지하고 테이블이 무너지는 것을 막아주고, 테이블에 가해지는 중량을 다리로 전한다. 작은보는 큰보와 큰보 사이에 걸친다. 기둥과 기둥 사이가 멀어지면 상슬래브가 휘어지기 쉽고 진동도 아래층에 전해지기 쉬워진다. 그래서 중간에 작은보를 넣고, 작은보는 바닥을 보강하고 큰보 사이를 확실히 세우고 테이블 전체를 튼튼하게 한다. 큰보가 메인 보, 작은보가 서브 보이다. 영어로 큰보를 거더(Girder), 작은보를 빔(Beam)이라고 한다. 따라서 구조도에서 큰보는 G, 작은보는 B로 줄여 쓴다. 또 기둥은 컬럼(Column)으로서 C, 벽은 월(Wall)로 W라고 축약하는 경우가 많고, 이러한 G, B, C, W에 번호를 붙여 도면에 쓰면 된다. 예를 들면 C1은 600 × 600m, C2는 500 × 500 등으로 생략해서 쓸 수 있다.

큰보 → G : Girder	작은보 → B : Beam
기 둥 → C : Column	벽 → W : Wall

Q 캔틸레버보란?

▼

A 기둥에서 한 쪽으로 끄집어낸 '외보' 이다.

가지가 나무의 줄기에서 나오는 것처럼 캔틸레버보는 기둥에서 뻗어 나왔다. 기둥에서 기둥으로 걸치는 것이 보통인 보(큰보)이지만 캔틸레버보의 경우는 기둥에서 돌출하는 형태가 된다. 캔틸레버보는 발코니나 바깥복도만이 아니라 실내를 기둥 바깥으로 튀어나오게 할(캔틸레버시킨다) 때에도 사용한다. 토지의 형태가 부정형인 경우 캔틸레버로 바닥의 형태를 조절할 수 있다. 또 디자인적으로 기둥에서 분리시킬 수 없는 커다란 창(수평창이나 전면 유리창 등)을 만드는 일도 가능하다. 캔틸레버보는 장기적으로 무게가 아래로 기울어지지 않도록 내부철근을 기둥이나 뒤쪽 보 등에 확실히 정착시킬(빠지지 않도록 함) 필요가 있다. 특히 위쪽의 철근이 빠지면 보가 구부러지므로 주의가 필요하다. 캔틸레버는 'Cantilever' 로 쓰고 기둥에서 튀어나와 있으므로 큰보(girder)에도 있다. 따라서 CG 라는 기호를 사용한다. 큰보에 있는 캔틸레버보의 앞쪽 끝은 아래 그림처럼 작은보로 연결하는 것이 보통이다. 바닥이 가벼울 경우는 이 작은보를 생략하는 경우도 있다. 또 1m 정도의 작은 바닥을 나오게 하는 경우 캔틸레버보를 사용하지 않고 상슬래브만으로 만드는 경우도 있다. 25cm 두께 정도의 상슬래브만으로 나오게 하는 바닥을 만드는 것이다.

Q 캔틸레버보(외팔보)로 하면 왜 수평창이나 전면유리창이 가능할까?

▼

A 아래 그림처럼 외벽면은 기둥에서 밖으로 튀어나와서 기둥에 방해받지 않는 위치에 있다. 그 때문에 창은 기둥에 잘리지 않고 연속시킬 수 있다.

코너 부분도 유리로 만들 수 있다. 코너를 유리로 하면 방의 개방감이 증가하고, 코너유리를 실현하기 위해서는 캔틸레버로 할 필요가 있다. 코너에 기둥이 있다면 유리로 할 필요는 없다. 아래 그림의 좌측 창은 기둥으로 잘려져 있어 옆으로 연장시킬 수 없다. 따라서 작은 창이 벽면에 뚫린 형태로 되어 있다. 옆으로 쭉 뻗은 수평선을 강조한 수평창(수평연속창)은 근대건축의 특징 중 하나이다. 최초로 제창한 사람은 르 코르뷔지에이고, 사보아저택(1929 년) 전면 창은 기둥에서 1.25m 캔틸레버시킨 수평연속창이 실현되었다. 측면은 캔틸레버가 아니므로 기둥에 의해 구별된 창으로 되어 있고, 수평연속창은 코르뷔지에가 근대건축 5 원칙의 하나로 꼽고 있다. 코너를 돌아 들어가는 대유리면은 발터 그로피우스가 바우하우스교사(1926 년)의 공방에서 실현시켰다. 주근에서 양면 모두 나와 있으며, 외벽은 모두 투명한 유리로 되어 있고, 코너에도 유리루 함으로써 투명감 있는 공간이 실현되었다.

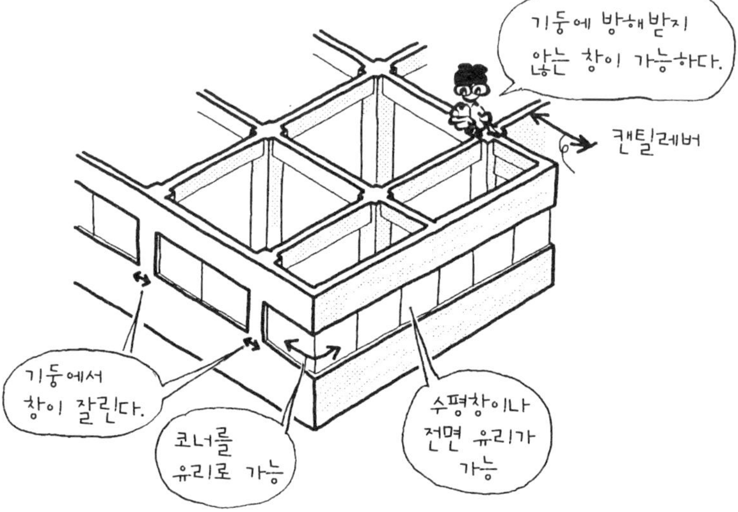

Q 보를 기둥에 붙이는데 중심에 붙이지 않고 끝 가까이에 붙이는 것은 가능한가?

A 가능하다. ▼

보통은 기둥 중심에 보를 설치한다. 그 방법이 구조적으로 안정적인 것은 틀림없다. 수납 상 보를 끝 가까이에 위치시키는 일은 자주 사용된다. 철근이 정착(완전히 세우는 것)할 수 있어서 기둥 주변에 보가 알맞게 들어가면 보를 중심으로 조금 움직일 수 있다. 외벽면의 경우 기둥의 외면과 보의 외면을 결합시키는 일이 자주 있다. 이 방법이 외벽과 기둥, 보 사이의 해결이 잘 된다. 보가 기둥을 중심으로 있는 경우 보 폭에 따라 외벽과 보 사이에 틈이 생기게 되고 작은 틈이 생기는 것은, 거푸집 공사에서 중요하고 만드는 의미도 없게 된다. 따라서 보를 외벽쪽 가까이에서 마무리한다. 외벽을 따라 보뿐만 아니라 벽도 외측에 위치시키는 것이 일반적이고, 기둥의 외면에 합쳐서 외벽도 만든다. 기둥 중심에 외벽을 붙이면 기둥이나 보가 밖으로 돌출되고, 보 위에 먼지가 쌓이고 빗물이 흐르기 때문에 벽이 더러워지기 쉽다. 건축기사시험에서는 기둥 중심에 벽의 중심을 맞추게 한다. 면적계산이 편하기 때문이다. 그러나 실무에서는 기둥 모양을 의식하면서 벽의 위치를 조정한다. 외벽면은 기둥의 외면에 맞추는 것이 일반적이다. 다만, 베란다측, 바깥 복도측에는 기둥을 내어 외벽을 기둥 내면에 맞추는 경우가 맨션에서 자주 있다. 방안에는 기둥 모양이 나지 않고 산뜻하게 하기 위함이다.

Q T형 보란?

▼

A RC조에서 보와 상슬래브는 일체이므로 구조계산상 T자형으로 한 보이다.

RC조에서 보 상단은 슬래브 상단이 된다. 슬래브의 철근은 보에 단단히 세운다(정착). 나시 말하면 보는 상슬래브와 구조적으로 일체가 되어 있다는 것이다. 보와 슬래브가 일체로 되어 있기 때문에 보는 장방형이라기보다도 상슬래브에 있는 정도의 길이를 더한 모양, 결국 T자형이 되어 있다고 생각하는 것이 현실적이다. T자형이라고 생각하는 경우 어디까지 상슬래브로서 계산에 넣는가는 기준이 되는 계산식이 있다. 더욱이 상슬래브측에 압축력(누르는 힘)이 작용하는 경우만 T자형으로 한다. 당기는 힘이 걸리는 때 슬래브는 계산에 넣지 않고 장방형 보로 한다. 상슬래브 끝에 위치하는 보의 경우 슬래브는 보의 한쪽 밖에 붙어 있지 않다. T자형이라기 보다도 L자형이 되고, 이러한 경우는 압축시 계산만 L자형 보로 한다.

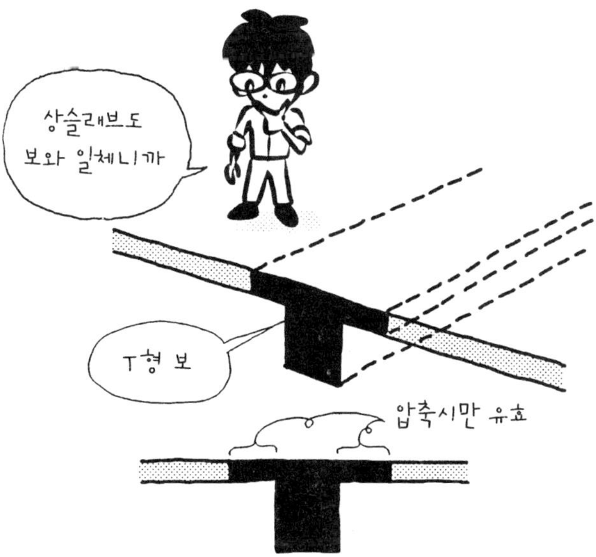

Q 역보란?

▼

A **상슬래브 위에 보를 붙이는 방법이다.**

보통은 상슬래브 밑에 보를 붙인다. 테이블에서도 뼈대가 되는 가로막대는 판 밑에 붙어 있다. 판 위에 가로막대가 있으면 방해가 되고 무게는 위에서 걸리기 때문에 보강막대는 밑에 있는 편이 합리적이다.

무게는 위에서 걸리므로 보는 상슬래브 밑에 붙어 있는 것이 보통이다. 역보는 판 위에 가로막대를 붙이고 판을 매다는 것처럼 해서 보강하는 보이다. 아래 그림처럼 두꺼운 종이의 끝을 밑으로 구부려서 보강하는 것이 보통보, 위로 구부려서 보강하는 것이 역보이다. 라멘구조나 벽구조에서도 역보를 만들 수 있고, 부분적으로 채택하는 경우도 있고 건물 전체를 역보로 하는 경우도 있다. 보통보의 경우 보를 숨기려고 하면 천장 안이 커지게 되지만 역보의 경우 바닥 밑이 커지게 된다. 분양 맨션 등에서 바닥 밑을 수납으로 하기도 하고 배관공간으로 사용하는 것도 가능하다. 보통보에서는 천장 판으로 보를 모두 감추지 않고 보를 조금 나오게 하는 경우가 자주 있다. 맨션 등에서도 보가 보이는 경우가 있지만 층고(층에서 층까지의 높이)를 작게 하면서 천장고를 확보하기 위함이다. 이러한 방법은 역보로는 불가능하기 때문에 역보를 사용하는 것은 층고에 여유가 있는 경우에 한한다. 지하의 내압판(지면에서의 압력을 받는 슬래브)의 경우 아래서 힘이 걸리므로 판 위에 보강보를 둔다. 이것도 역보의 일종이라 할 수 있다.

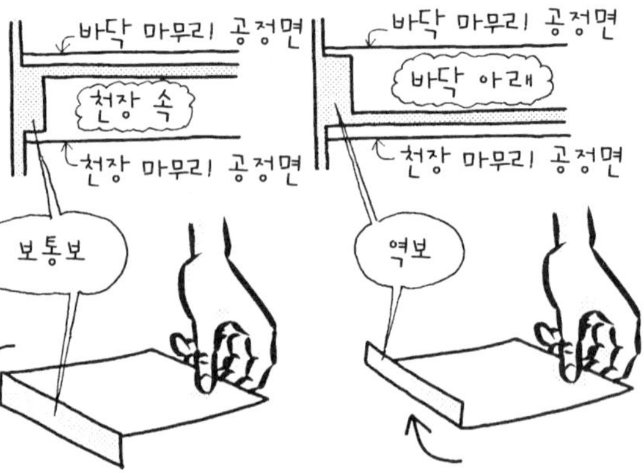

Q 헌치란?

A 보나 슬래브 등에서 두터운 끝부분을 말한다.

헌치란 'Haunch' 라고 쓰고, 둔부를 의미하지만 건축에서는 팽창시킨 끝부분을 가리킨다. 아래 그림처럼 경사진 모양으로 두텁게 하는 것이 보통이다. 아래 그림처럼 높이 방향을 크게 한 수직헌치 외에 수평방향을 크게 한 수평헌치도 있다. 어느 쪽이든 구조적인 강도를 올리기 위한 것이다.
바닥 슬래브에서 보에 접합하는 부분을 두텁게 한 헌치도 있다. 경사지게 한 헌치 외에 계단모양으로 해서 두껍게 하는 드롭 헌치도 있다. 바닥 끝부분은 힘이 걸리기 쉬우므로 두껍게 해서 보강하는 것이다.
보나 슬래브의 헌치는 스팬이 길 때 사용된다. 또 지중의 내압판을 지탱하는 보 등 커다란 힘이 가해지는 곳에도 사용된다.

Q 내진벽이란?

▼

A 지진에 대항하기 위하여 라멘구조에 넣는 벽이다.

라멘구조는 기둥과 보만으로 직각을 유지한다. 이 라멘구조를 보강하기 위하여 내진벽을 요소에 넣는 경우가 있다. 기둥에서 기둥에, 보에서 보에 걸쳐서 스팬 전체를 벽으로 메우고 이를 내진벽이라고 한다. 내진벽에는 커다란 구멍을 내지 않고서도 내는 작은 창 정도이다. 내진벽의 배치는 밸런스를 잘 맞춰 넣는 것이 중요하므로 치우치면 지진시에 회전하는 힘이 가해져 비틀어지는 경우가 있다. 1층이 필로티라든가 점포이고, 위층이 주택인 경우 상층은 벽이 많아 단단해지고 1층만 연약해진다. 이러한 경우는 1층에 내진벽을 넣어 보강할 필요가 있다. 맨션 주택의 경우 벽은 위층에서 아래층까지 통하는 경우가 많으므로 이 벽을 내진벽으로 계산하는 경우가 있다. 내진벽으로서 설계된 경우는 나중에 이를 부수고 방을 연결할 수 없다. 내력벽은 벽구조에서 하중을 지탱하는 벽을 가리킨다. 내력벽은 지진력도 부담하지만 라멘구조의 내진벽과는 구별해서 불리는 것이 보통이다.

내진벽 : 라멘구조의 보강으로서 넣어지는 벽
내력벽 : 벽구조의 하중을 지탱하는 벽

양쪽 모두 혼동해서 사용되는 경우도 있다.

Q 강성이란?

▼

A 변형에 대한 저항의 정도를 의미한다. 변형시의 어려움, 견고함을 말한다.

건축에서는 면강성이라는 말이 자주 나온다. 면이 평행사변형이 되거나 꺾여서 구부러지시 않도록 변형에 저항하는 성질을 말한다. 내진벽은 벽에 따라서 기둥과 보에 에워싸인 면을 단단하게 하여 변형에 저항한다. 내진벽에 따라 면강성을 높이고, 라멘구조는 기둥과 보만으로도 면강성이 있지만 그것을 벽으로 더욱 높이는 것이다. 면강성이란 말은 목조, 철골조에서도 사용된다. 벽에는 버팀대(Brace)를 넣어 면강성을 높인다. 목조의 바닥은 지진 등으로 뒤틀리기 쉬우므로 구석에 45도 보강재를 넣거나 보에 합판을 직접 설치하는 것으로 면강성을 높일 수 있다. 면강성은 2 × 4로 만드는 방법이지만 재래구법으로도 만든다. 철골바닥에서는 철근으로 버팀대를 넣어서 면강성을 만들어낸다. 내진벽, 내력벽과 함께 강성, 면강성이라는 용어도 기억해두자.

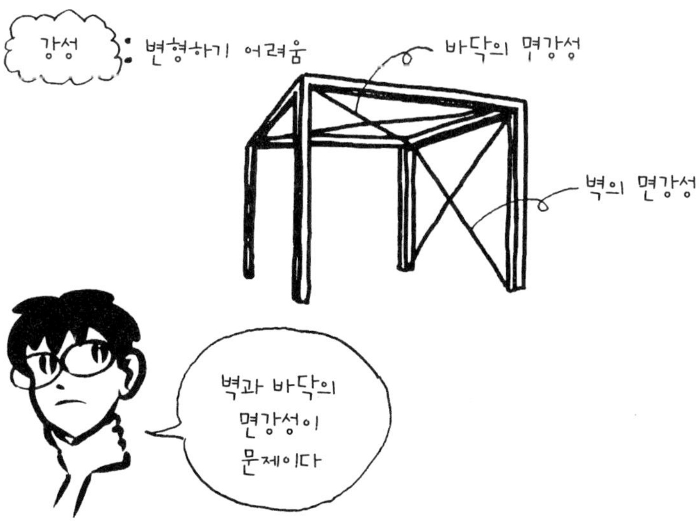

Q 내진, 면진, 제진의 차이는?

▼

A 내진은 지진의 힘에 저항할 수 있도록 벽 등을 보강하는 것이다. 면진은 지진의 힘에서 피할 수 있도록 기초에 고무 등을 까는 것이다. 제진은 지진의 힘을 제어하도록 추를 지진의 힘과 반대방향으로 움직이게 하는 등의 구조이다.

내진 < 면진 < 제진의 순으로 보다 적극적이고 기계적으로 지진력에 대항하도록 하는 수단이라고 할 수 있다. 지진력이 가해지는 방향은 복잡하지만 주로 수평력에 어떻게 대항하는가가 문제가 된다. 내진은 전항 같은 내진벽을 설계하는 등, 기둥보 접합부를 보강하는 등 기둥의 철근을 증강하는 등으로 내력을 증가시키는 방법이다. 주로 벽을 강하게 단단하게 하는 생각이다. 목조나 철골조에서는 버팀대(Brace)를 넣어 벽이 평행사변형이 되지 않도록 보강한다. 면진에서는 기초로 지반과 그 상부를 차단, 절연시켜(Isolate), 지진의 힘이 건물에 직접 가해지는 것을 막아준다. 그 절연부분에 아이솔레이터(Isolator)를 넣는다. 아이솔레이터는 고무를 적층한 것, 유압을 사용한 것 등이 있다. 아이솔레이터만으로는 지진의 힘을 약화시킬 수 없는 경우 댐퍼(Damper, 기세를 꺾음)를 첨부한다. 댐퍼에는 철파이프를 나선형으로 한 것 등이 있다. 제진은 기계적으로 내진력에 대항하도록 하는 방식이다. 어떤 방향으로 힘이 가해지면 그것과는 역방향으로 추를 움직여서 힘을 상쇄시킨다. 내진은 일반적인 건물에서, 면진은 분양 맨션이나 일부 브랜드 주택 등에서 제진은 고층건물 등에서 채용되고 있다.

Q 요벽이란?

▼

A 허리높이의 벽을 말한다.

문자 그대로 허리높이의 벽을 말하는 것으로서 RC 벽에서는 창 아래 벽, 베란다 및 바깥복노 아래 난간벽 등이 있다.

내부마무리 공정에서 허리부분과 허리에서 위 마무리로 나누는 경우가 있다. 가령 허리부분에 나무판을 덮거나 위를 하얀벽으로 하는 등이다. 더러움이나 흠집은 허리부분에 집중되므로 허리부분에 나무를 덮는 것이 합리적인 마무리 공정이다. 이 경우 허리 마무리 부분을 가리켜서 요벽이라 하고, 그 판을 요판이라고 한다. 요는 허리높이 벽은 구조체이든 마무리 공정이든 모두 요벽이라고 한다.

창 아래 요벽은 벽 위에서 생콘크리트를 넣어서 치므로 생콘크리트가 미치기 어려운 부분이다. 또 요벽과 기둥이 맞붙는 곳은 구조적으로도 문제가 되는 곳이다. 시공상이나 구조상으로도 중요한 부분이라고 할 수 있다.

Q 현수벽이란?

▼

A 위에서 아래로 걸려 있는 벽이다.

현수벽은 전항의 요벽과 마찬가지로 구조적으로 문제가 되는 일이 있다. 아래 그림과 같은 현수벽과 요벽이 직접 기둥에 붙어 있는 경우에 기둥은 한가운데만 약하고 반대로 위나 아래에도 벽이 있기 때문에 그 부분만 단단하게 된다. 한가운데만 약하므로 힘이 집중되어서 기둥의 약한 부분이 부서지기 쉽다. 단주파괴 등으로 불리고, 학교건축 등에서도 문제가 된다. 현수벽과 요벽이 붙은 기둥은 짧은 기둥과 같게 되고, 버티기 어렵게 된다. 이러한 경우는 안에 띠모양으로 넣는 철근(띠근)을 증가시켜 기둥과 벽 사이에 구조적인 슬릿을 만들어서 대지진 때에 부서져 떨어지도록 하는 등의 연구가 필요하다. 그러나 RC 부분만이 아니라 보드 및 유리로 만든 것처럼 간단한 벽에 대해서도 현수벽이라고 한다. 즉 내부마무리 공정에서의 현수벽이다. 화재의 연기는 위로 올라가서 옆으로 움직인다. 연기의 횡이동을 막기 위하여 천장에서 50cm 이상 늘어뜨린 방연현수벽도 있다. 부엌 등에서 연기가 다른 방으로 가지 못하도록 현수벽을 붙이는 경우도 있다.

Q 소매벽이란

▼

A 소매처럼 기둥 옆에 붙어 있는 작은 벽이다.

기둥과 기둥에 걸치는 커다란 벽에 내진벽상 유효하지만 기둥에 조금만 붙어 있도록 한 소매벽은 비구조벽으로서 취급된다. 비구조벽은 잡벽이라고도 한다. 잡벽에는 요벽, 현수벽, 소매벽 등이 있다.
비구조벽이라도 전항의 요벽+현수벽=단주와 마찬가지로 소매벽도 구조에 약간의 영향을 미친다. 소매벽이 있는 쪽이 기둥은 쓰러지기 어렵게 된다. 소매는 통상, 옷의 양쪽 옆에 붙어 있으므로 중심이 되는 것의 양 옆에 붙는 형태를 소매로 표현할 수 있다. 무대의 소매, 소매기둥(袖柱), 소매복도(袖廊), 소매집(袖戸), 袖鳥居 등이다.

Q 익스팬션 조인트란?

▼

A 긴 건물을 구조적으로 분할해서 진동, 신축이 따로따로 발생하도록 한 접속방법이다.

익스팬션(Expansion)은 팽창, 조인트(Joint)는 이음매로 팽창해도 피할 수 있도록 한 이음매를 말한다. 철도 선로의 이음매를 조금씩 떨어트려 놓은 것도 같은 원리이다. 열팽창으로 선로가 굽거나 들려 올라가지 않도록 틈을 두어 피할 수 있도록 한 것이다.

수평으로 긴 건물은 지진시 다른 방향으로 흔들려서 피해를 크게 할 경우가 있다. 도중에 분리해서 떼어놓으면 흔들림이 따로따로 일어나도록 한다. 이음매 부분에서는 기둥, 보, 벽을 따로따로 분리해서 만들고, 연결하는 복도 등은 스테인리스 판이나 고무 등으로 연결하여 움직임을 피할 수 있도록 해 둔다. 학교나 병원 등 여러 개 블록이 집합된 건물의 경우 블록과 블록의 이음매는 익스팬션 조인트로 되어 있다. 또 대형 맨션에서 모양이나 L자 구조의 경우도 익스팬션 조인트를 사용한다.

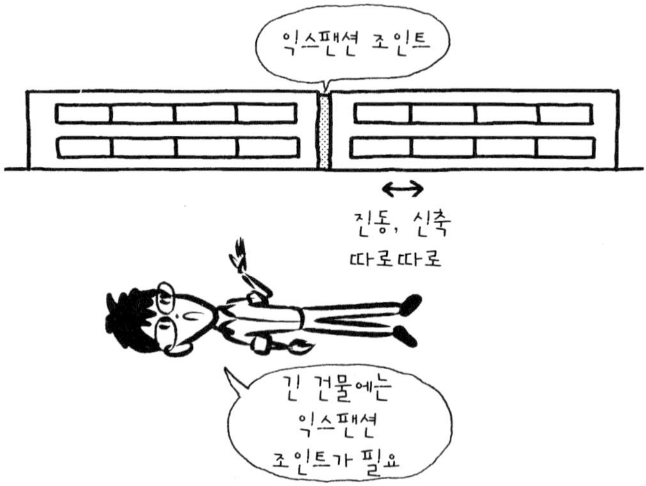

Q 외팔 슬래브란?

▼

A 보나 벽에서, 보 없이 돌출된 상슬래브이다.

보통은 외팔로 하는(캔틸레버) 경우 캔틸레버보가 필요하게 된다. 보 없이 돌출하면 바닥이 쳐실 위험이 있다. 다만, 바깥 복도나 베란다, 차양 등의 작은 돌출은 슬래브만으로도 할 수 있다. 그러한 돌출 슬래브를 외팔 슬래브라고 한다. 1m 정도의 바깥 복도 아래나 베란다는 슬래브 두께가 25cm 정도면 돌출시킨다. 외측에는 수구배를 붙이고 슬래브 두께를 20cm 정도로 작게 한다. 기본을 두껍게 하여 외측을 얇게 하는 것은 구조적으로도 빗물 마무리면에서도 합리적이다. 차양의 경우는 기본에서 18cm 정도, 끝부분에서 15cm 정도이다. 물의 구배를 취한 만큼 기본쪽이 두꺼워져서 구조적으로 강하게 된다. 외팔 슬래브의 경우 상하 철근을 보나 벽에 단단히 정착할 필요가 있다. 정착이란 철근이 빠지지 않도록 단단히 메워 넣는 것이다. 캔틸레버인 경우의 철근은 특히 정착이 중요하다. 상측의 철근이 빠지면 슬래브의 기본이 꺾여 구부러진다.

Q 건물 주위의 지면에 콘크리트를 까는 경우에는 어떤 방법이 있나?

▼

A 건물 본체에서 외팔 슬래브로 하는 방법과 건물과 연결을 끊어서 콘크리트를 까는 방법이 있다.

건물 주위의 지면에 자갈이나 콘크리트를 까는 경우가 있다. 이러한 가늘고 긴 부분을 뚝턱(견도리)라고 한다. 견도리는 빗물로 인해 건물에 흠집이 나지 않도록, 더러워지지 않도록, 더욱이 우수가 건물에서 바깥방향으로 흐르기 쉽도록, 건물에 출입이 편리할 수 있도록 하는 등 여러 가지 이유에서 만들어진다. 견도리를 콘크리트로 만드는 경우 두 가지 방법이 있다. 하나는 전술한 외팔 슬래브로 하는 방법, 또 하나는 건물과 연결하지 않고 콘크리트를 흙 위에 까는 방법이다. 외팔 슬래브로 하면 지면이 침하되더라도 뚝턱(견도리)은 잠기는 일은 없다. 건물에 지탱하고 있기 때문이다. RC조의 건물은 말뚝 등이 박아져 있어서 절대 침하하지 않고, 주위의 흙이 침하해도 건물과 튀어나온 견도리는 그대로이다. 견도리 외측의 흙이 침하하여 뚝턱(견도리)과 흙과의 단차가 커지게 될 뿐이다. 구조와는 상관없이 흙 위에 콘크리트를 까는 방법은 도마(봉당)콘크리트, 줄여서 도마콘이라고 한다. 옛날 민가의 봉당 같은 콘크리트라서 이렇게 불린다. 도마콘의 경우 흙이 침하하면 도마콘도 침하하게 된다. 건물 본체와 도마콘 사이를 붙여 두면 거기에 균열이 생긴다. 이를 방지하기 위하여 건물과 도마콘을 2cm 정도 떨어트려서 틈을 탄력성 있는 아스팔트제(製)인 실링재 등으로 메워둔다. 그러면 도마콘만 잠기고 균열은 발생하지 않는다. 흙은 아무리 다져도 무게로 인하여 침하하게 된다. 그 때문에 견도리를 만들 때 주의가 필요하다.

Q 와플슬래브란?

▼

A 격자 모양의 보를 붙인 보와 일체가 된 슬래브이다.

와플이라는 과자 모양 같은 슬래브이므로 이렇게 불린다. 보통의 보는 기둥과 기둥을 걸친 큰보(Girder), 보와 보를 걸친 작은보(Beam) 2종류로서 그 위치는 슬래브 끝부분이나 중앙부에만 있다. 와플 슬래브 보는 격자모양으로 슬래브와 일체화한 것 같은 보가 되므로 격자보라고도 한다. 또 이러한 면을 보강하기 위한 선재를 립(rib, 늑골)이라고 하기도 한다. 슬래브와 보가 일체로 된 와플 슬래브는 구조미를 표현할 수 있기 때문에 1960~70년대에 자주 사용되었다. 천장판을 달지 않고 RC구조 구체로 아름다운 천장을 표현할 수 있었다. 격자 모양에는 정방형, 45도 기울인 정방형, 정삼각형 등이 사용된다. 또 보를 작게 해서 분산한 형이므로 격자 양성(높이)을 작게 해서 층고를 줄이는 경우도 가능하다. 천장이 노출되기 때문에 조명계획, 공조덕트(공기를 보내는 통)나 배선을 감추는 것이 필요하다.
과자인 와플 형태는 열이 잘 통하고, 먹는 감촉이 좋다, 버터나 꿀을 바르기 쉽다는 등의 장점이 있다고 한다.

Q 보이드 슬래브란?

▼

A 속이 비어 있는 부분을 같은 간격으로 뚫은 중공(中空) 슬래브이다.

보이드(void)란 중공을 말한다. 바람이 빠져나간다는 의미도 있다. 슬래브를 두껍게 만들고 속에 같은 간격으로 보이드(중공)를 만든다.
보이드 슬래브는 보통 슬래브보다 두껍게 만들어져 중공과 중공 사이 부분은 작은보 역할을 하게 된다. 와플 슬래브의 한 방향으로만 립이 있는 것 같은 구조이다. 슬래브 전체를 두껍게 하면 무거워지고, 중공을 같은 간격으로 뚫음으로써 립과 가벼움 양쪽 모두를 실현하고 있는 것이다. 보이드 슬래브를 만들려면 생콘크리트를 쳐서 넣기 전에 거푸집 위에 종이 제품이나 얇은 철판제품의 원통을 같은 간격으로 나열하고 원통 사이의 부분과 위와 아래 부분에 철근을 배치시켜 생콘크리트를 친다. 와플 슬래브, 보이드 슬래브는 보통 커다란 보가 필요하지 않다. 평평한 판인 슬래브만이므로 평판구조라고도 한다. 와플 슬래브, 보이드 슬래브 모두 평판구조이고 보 없는 산뜻한 천장을 만들 수 있다.

Q 보링이란?

▼

A 지면에 구멍을 뚫고 지질 등을 조사하는 것이다.

보어(Bore)란 구멍, 구멍을 뚫는다는 의미이다. 구멍을 뚫는 일은 보링(Boring)이고, 공을 굴린다는 볼링(Bowling)과는 다르다. 지면에 삼각을 세워서 기재를 매달고 직경 10cm 정도의 구멍을 뚫는다. 구멍을 뚫는 동안 나오는 흙도 쓸모가 있고, 시료(샘플)로 해서 보존한다. 원통형 흙의 시료는 지하 몇 m에 어떤 지층이 있는지를 알게 된다. 석유나 온천을 발굴할 때 구멍을 파는 것도 보링이라고 한다. 하고 있는 일은 같지만 깊이는 전혀 다르고, 건축조사의 보링은 수십 m, 온천이나 석유는 1,000m 이상이다. 시료는 샘플이라고 하지만 사과의 심(Core)을 뺀 형태와 비슷하다고 해서 코어나 보링 코어라고도 한다. 시료를 수직으로 하여 지하 몇 m에 어떤 지층이 있는지를 분석하고, 토질주상도로 정리한다. 토질주상도는 보링주상도, 보링도라고도 한다. 이 주상도를 보고나서 기초나 말뚝의 검토를 행한다. 보링하는 것은 부지 안에서 한 곳만이 아닌 여러 군데에 대해서 행한다. 각 점에서 지층이 어긋나 있을 가능성이 있기 때문이다. 흙을 파낸 후의 구멍은 지내력을 측정하거나 지하수위를 측정하는 데에도 사용된다. 모처럼 뚫은 구멍이므로 유효하게 사용하려는 이유이다.

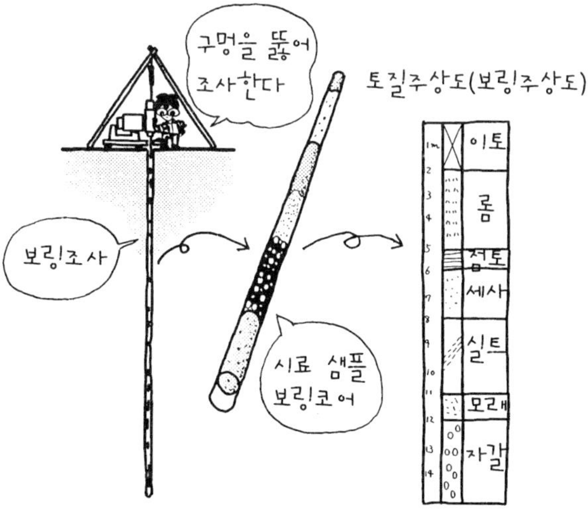

Q 표준관입시험 원리란?

▼

A 흙을 위에서 두드려서 몇 회 두드리면 일정의 깊이까지 들어가는(관입하는)가를 조사, 그 횟수에 따라 지반의 경도나 내력을 판단하게 된다. 두드리는 횟수가 많을수록 단단하고 적을수록 약한 지반이라고 한다.

아래 그림처럼 나무에 못을 박는 경우 두드리는 힘이 같다고 하면 1cm 들어가는데 3회 두드리는 나무와 10회 두드려야 하는 나무 중에서는 10회 두드리는 나무가 단단하다고 판단할 수 있다. 못을 박는 힘을 같이 해서(표준으로 해서) 못이 들어갈 수 있는(관입하는) 깊이를 통일하면 어디에서 누가 해도 같은 효과가 나타난다. 더욱이 실험을 반복하면 몇 회 못을 두드리는 가로나무의 내력을 숫자로 나타내는 일도 가능해진다. 표준관입시험도 마찬가지로 같은 힘으로 흙을 두드려 같은 깊이만 관입시켜 필요한 횟수를 측정한다. 구체적으로는 63.5kg의 추를 75cm의 높이에서 떨어트려 30cm 관입하는데 필요한 횟수를 측정한다. 같은 시험을 실험실에서 흙의 종류를 바꿔 행하고, 어느 흙에서 몇 회라면 지내력은 어느 정도라는 평균적인 숫자를 나타낸다. 실제 보링조사에서 횟수를 조사해 흙의 종류를 조사하면 지내력이 어느 정도인지 짐작할 수 있다.

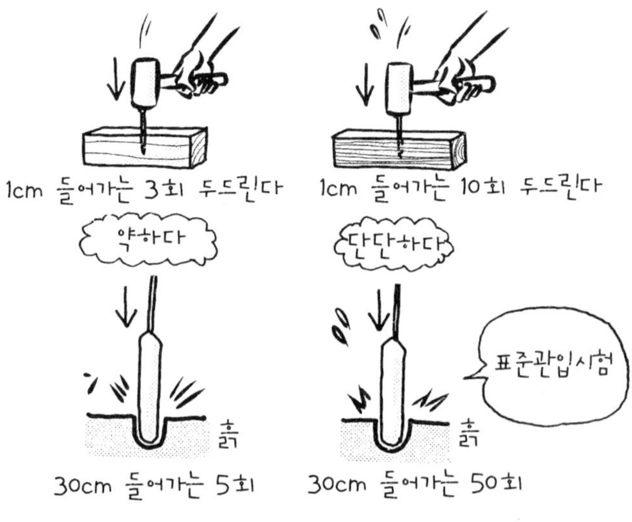

Q N값이란?

▼

A 표준관입시험에서 추가 규정값(30cm)까지 관입하는데 걸린 횟수이다.

보링에서는 1m 정도의 간격으로 파나간다. 각 지점마다 흙을 채취하여 그 후에 표준관입시험을 실시하게 된나. 그리고 몇 회 추를 떨어트리면 30cm 관입하는가를 측정한다. 이 횟수를 N값이라고 한다.
표준관입시험이 끝나면 또 1m 파나가서 흙을 채취하고 표준관입시험을 실시한다. 이것을 순차적으로 반복한다. 각 지점에서의 N값을 측정하고 최종적으로는 토질주상도(보링주상도)에 구상하여 그래프로 한다. 이 그래프를 보면 어느 깊이에 어느 정도의 단단한 지반이 있는가를 한눈에 알 수 있다. 중층 RC조 건물의 경우 통상 N값이 30~50 정도를 지지지반으로 한다. 그 지층까지 말뚝을 박는 것이다. 기둥 아래에 말뚝을 만들고 그 말뚝에 따라 기둥을 지탱하고 건물을 지탱한다. 지지지반 보다도 위에 흙이 침하해도 건물은 원래의 위치에 세워질 수 있다. 가령 지하 10m 지점의 N값= 30이지만 약간 약하고, 층도 얇다. 30m 지점의 N값= 50인 두터운 층이므로 이곳을 지지지반으로 하고자 한다. 이 지반조사를 소홀히 하여 건물을 세우면 아무리 호화로운 건물을 지상에 세워도 바로 무너지고 만다. 지반조사와 기초공사는 밖에서는 보이지 않지만 건축의 가장 중요한 부분인 것이나.

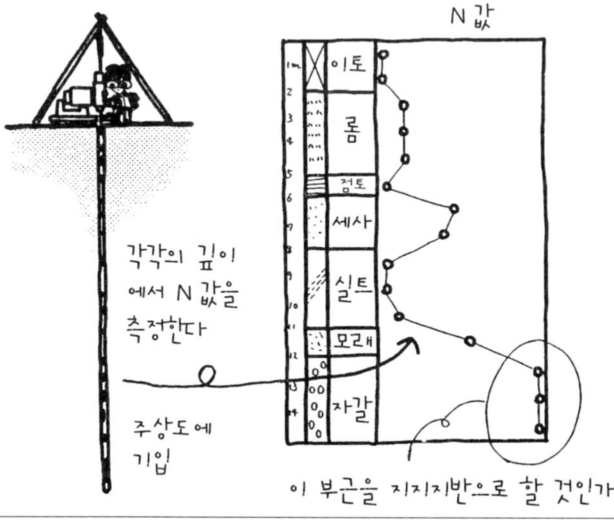

Q 스웨덴식 관입시험 원리는?

▼

A 땅 속에 나사모양의 것(스크루 포인트)을 돌려 박아 그 저항에서 지내력을 추정한다는 방법이다.

아래 그림처럼 나무나사를 나무에 돌려 넣는 경우 가볍게 들어가는 것은 약한 나무, 힘이 필요한 것은 단단한 나무로 추정 가능하다. 마찬가지로 땅도 가볍게 들어가는 것은 약한 땅, 힘이 필요한 곳은 단단한 땅이 된다. 시험을 하는 경우 같은 힘으로 돌려 박을 필요가 있다. 사람의 힘은 일정하지 않아 시험이 안 되고, 같은 추를 달아서 비교한다. 구체적으로는 100kg 정도의 추를 붙여서 돌려 박고, 25cm 관입시키는데 몇 회전했는가를 세어본다. 같은 힘으로 돌려 박으므로 회전수가 많은 쪽이 단단하다는 것이다. 실험실에서 지질별로 같은 조건으로 돌려 박고, 이 지질에서 몇 회전되면 N값은 어느 정도라고 사전에 수표(數表)를 만들어두고, 그 회전수와 실제 현장에서 회전수를 비교하여 현장의 N값을 추정한다. 정확하게 회전수는 반회전수로 센다. 1.5회전이면 3으로 하고, 5회전되면 10으로 한다. 그리고 그 반회전수에서 N값을 상정하게 된다. 스웨덴식 관입시험은 수동 외에 기계에 의한 것도 있다. 목조나 가벼운 저층 RC조, S조 등의 10m 정도까지의 얕은 지반조사에 사용된다. 손쉽고 싸게 조사가 가능하므로 주택 등에서 많이 사용되고 있다. 스웨덴식이라고 불리는 것은 스웨덴 국유철도가 지반조사에 사용함으로써 일반에게 퍼졌기 때문이다. 스웨덴식 사운딩 시험이라고도 하지만, 사운딩이란 두드리거나 회전시켜서 하는 시험이다. 표준관입시험도 사운딩의 일종이다.

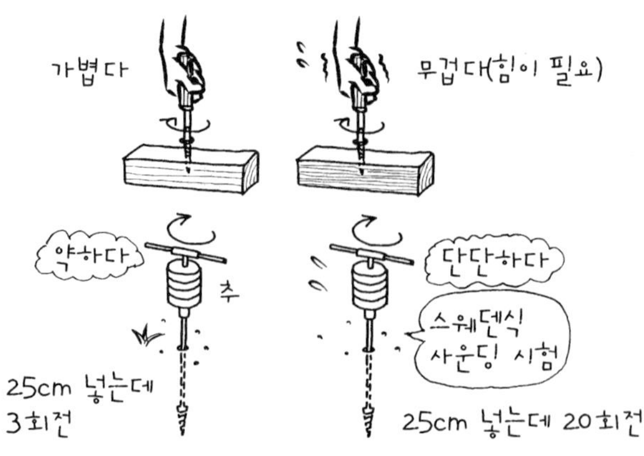

Q 평판 적하시험 원리는?

▼

A 평평한 판(평판) 위에 무게를 가하여 땅에 얼마나 함몰되는가로 지내력을 추계하는 방법이다.

땅에 무게를 직접 주기 때문에 가장 직접적이고 확실한 실험방법이다. 단, 깊은 곳의 시험이 하기 어렵고, 각 깊이마다 행하는 것이 힘드는 등 단점이 있으므로 다른 시험방법과 병용하여 행할 필요가 있다. 시험에 사용하는 평판은 직경 30cm, 두께 2.5cm 이상의 강철판으로 표준화되어 있다. 시험마다 각자가 마음대로 판의 크기를 바꿔서 시험하면 비교할 수 없기 때문이다. 시험에서는 평판에 무게를 가하지만 그 무게는 1㎡당 무게로 합산된다. 1㎡당 몇 t(또는 몇 N)까지 견뎌낼 수 있는가를 알 수 있으면 그 값을 건물의 기초 면적의 배로 하여 건물 전체의 중량이 몇 t까지 되면 지반은 내려앉지 않고 지탱할 수 있는가를 상정하는 것이다. 무게와 내려앉음을 그래프로 하여 거기에서 안전을 전망하고 지내력을 추정한다. 무게를 증가시키면 내려앉는 것도 커지게 되고 어느 무게 이후는 내려앉은 채로 되돌아가지 않게 되고 더욱 무게를 증가시키면서 점점 내려앉게 된다. 그 내려앉음이 멈추지 않게 되는 극한 무게의 1/3을 지내력이라고 하는 등 기준이 정해져 있다.

Q 역층이란?

▼

A **일정 이상의 입자 지름을 가진 돌이 모인 지층이다.**

자갈이란 2mm 이상 지름의 돌멩이이고, 역층이란 돌멩이가 데굴데굴 나오는 돌멩이 투성이의 지층이다. 자갈이나 커다란 옥석 등이 나오는 층으로 옛날에는 냇가였던 장소에 많았고, 삽으로 파려고 해도 돌멩이 투성으로서 좀처럼 파지지 않는 곳이다.

10~20cm 두께의 역층은 건물을 지지하는 힘(지내력)이 커서 뛰어난 지반이 된다. 일찍이 강이었던 층은 보통 흙이 느슨하고 건물의 지반에는 부적합한 경우가 많지만 자갈이나 돌이 쌓인 역층으로 되어 있으면 반대로 양호한 지반이 된다. 여하튼 지반조사는 필요하다.

돌이나 흙은 입자의 지름이 큰 순서로

자갈 〉 모래 〉 실트 〉 점토

로 분류되고 있다.

Q 토단반이란?

▼

A 오랜 세월에 걸쳐 단단하게 굳게 다져진 땅의 층이다.

토단이란 바위라고까지는 할 수 없고 바위에 가까울 정도로 단단함을 갖는 땅이다. 토단과 '반'을 붙여 부르는 것도 암반에 가까울 정도의 내력이 있기 때문이다.
충적층 아래(전 시대인) 홍적층의 경질점토층, 이암층 등을 가리킨다.
건물의 지반을 생각하는 경우지학의 분류 같은 정확함은 필요 없고 내력, 단단함, 입자의 크기 등으로 분류하고 있다. 지내력의 크기 순서는 대략 다음과 같다.

암반 〉 역층 〉 토단반

Q 롬(Loam)층이란?

▼

A 화산재가 퇴적해서 생긴 지층이다.

화산의 분화에 의해 재가 쌓여 오랜 시간에 걸쳐 굳은 것이 롬층이다. 대지나 구릉에 퇴적한 빨간 흙이다.

관동 롬층은 후지 산, 아사마 산, 아카기 산 등의 화산재가 퇴적해서 생긴 지층이다. 지면을 파서 나오는 빨간 흙이 그것으로 목조주택의 지반으로는 충분한 지내력이 있다. RC조 3층 건물 정도라면 말뚝을 만들지 않아도 세울 수 있다.

Q 충적층과 홍적층, 어느 것이 위에 있나?

▼

A 충적층이다.

충적층은 2만 년 전 이후에 형성된 새로운 지층이다.
일본의 평야 대부분은 충적층이다. 하천 등에 의해 옮겨진 흙이나 진흙이 퇴적해서 생긴 지층으로 일반적으로 연약하다. 지학적으로는 완신층이라고 불리지만 건축, 토목 분야에서는 연약지반을 가리켜서 충적층이라고 불리는 경우가 많다.
한편, 홍적층은 200만~2만 년 전에 생긴 지층으로 단단하게 굳어 있다.

Q 충적층과 홍적층, 어느 쪽이 더 단단하고 강할까?

▼

A 홍적층이다.

홍적층 쪽이 오래된 지층으로 단단하게 굳어 있어 견고한 지반이 되어 있다.

[슈퍼 기억술]
고등학생은 중학생보다 강인함!
홍적층 충적층

Q 삼각주란?

▼

A 하구 부근에 토사가 퇴적해서 생긴 거의 삼각형 토지이다.

하구가 부채 모양으로 퍼져 그 중에 토사가 머물러 삼각형의 토지가 된 것이 삼각주이다. 델타지대란 좁은 의미에서는 이 삼각주를 가리킨다.
커다란 하천에서는 어디에서나 삼각주가 형성된다. 방글라데시는 갠지스강 부근이 델타지대이다. 삼각주는 하구에 형성되기 때문에 홍수의 위험이 높고, 매년 눈이 녹은 물이 흐르는 계절에 홍수가 덮치게 된다. 홍수의 위험뿐만 아니라 지반도 연약하므로 건물을 세울 때는 주의가 필요하다. 목조에서도 말뚝이 필요한 경우가 많다.

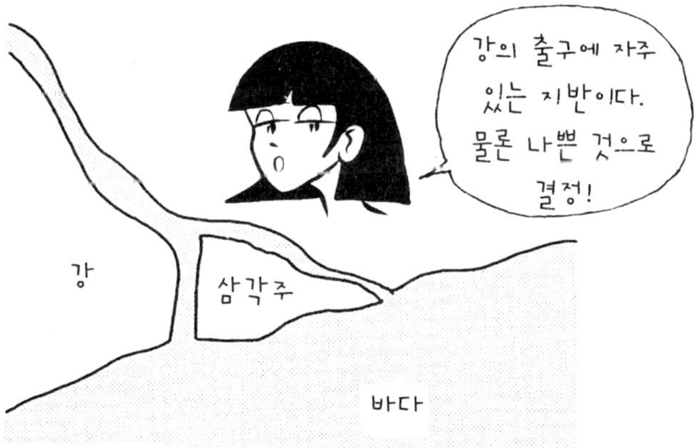

Q 선상지란?

▼

A 하천이 산에서 평지로 빠지는 부분에서 토사가 퇴적한 부채모양의 지형이다.

지반은 일반적으로 양호하지만 산에 끼인 계곡 출구에서는 수해에 주의할 필요가 있다.

Q 대지란?

▼

A 테이블 모양의 지형이다.

화산재가 퇴적해서 롬층으로 되고 전체로서 받침대 모양(테이블형)으로 된 시형이다. 지반이 높기 때문에 배수, 일광, 통풍이 좋고 또 목조주택을 세우는 데도 충분한 지내력이 있으므로 주택지로서 적당하다. 지명이 ○○대로 되어 있는 경우는 양호한 대지인 경우가 많고, ○○구, ○○택 등의 지명인 곳보다 홍수의 우려가 적은 경우가 많다. 무사시노 대지, 사가미 대지, 오미야 대지 등의 고유이름이 붙은 대지도 있다.

Q 성토, 절토란?

▼

A 경사지를 조성할 때 땅을 새롭게 만든 것이 성토, 경사지를 깎아서 만든 것이 절토이다.

절토는 원래 있는 땅을 잘라내서 만들어진 것으로 하중은 오랜 시간 걸려서 단단해져 있다. 한편 성토는 나중에 만들어진 것으로서 단단하지 않으므로 땅을 만들 때마다 단단히 다질 필요가 있다.

성토는 침하하기 쉽고, 절토는 침하되지 않는 성질이 있다. 이 각각의 토양에 걸쳐서 건물을 세우면 한쪽편은 크게 침하하고 다른 한쪽은 조금 침하하게 되며, 똑같이 침하지 않으므로 건물은 기울어지게 된다. 이를 부동침하라고 한다.

조성지에서는 일반적으로 성토쪽이 위험하다. 또 땅을 지탱하는 벽(옹벽)의 내력이나 배수에도 충분한 주의가 필요하다.

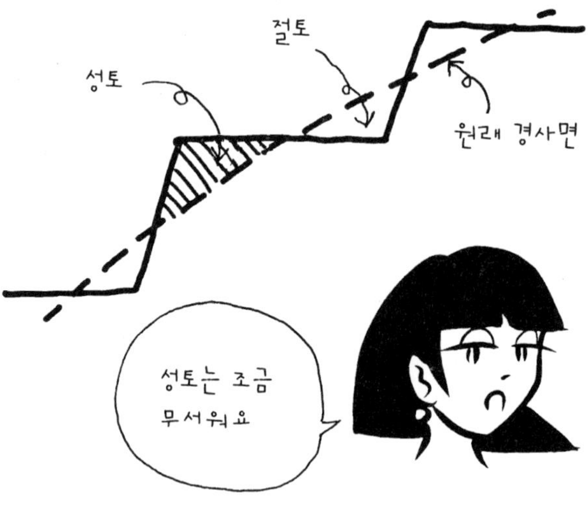

Q 건물 아래의 땅 속에 있는 기둥 모양의 구조물을 무엇이라고 하나?

▼

A 말뚝 또는 파일(Pile)이라고 한다.

말뚝은 기초의 일종으로 연약한 지반에 무거운 건물을 세울 때 사용한다. 각 기둥 밑에 단단한 지반을 만들 수 있도록 말뚝을 만든다. 즉 건물에 신발을 신기는 것과 같은 것이다. 말뚝을 만드는 것에 따라 건물이 침하하지 않게 된다. 기초는 땅 속에 있어서 보이지 않지만 건물에서 가장 중요한 부분이다. 그러나 비용도 상당히 소요된다. 철골조(S조), 목조(W조) 등에서도 연약지반에서는 말뚝을 박는 경우가 있다. 건물이 무겁고, 땅이 약할수록 말뚝이 필요하게 된다. 말뚝은 전신주처럼 모두 완성된 것을 현장에 옮겨서 박아 넣는 기제말뚝과 현장에서 콘크리트를 박는 말뚝이 있다. 기제말뚝은 운반을 해야만 하므로 직경이 50~60cm로 전신주보다 조금 두터운 정도이다. 현장에서 박는 콘크리트 말뚝은 직경 1m 이상의 커다란 것이 많다. 중요한 것은 기제품인가 아닌가의 차이이다.

Q 말뚝을 유지하는 방법에 따라 2종류로 나누면?

▼

A 지지말뚝, 마찰말뚝이다.

말뚝을 단단한 지층까지 뻗어서 지층에 의한 지지로 지탱하는 것이 지지말뚝이다. 단단한 지층이 얕은 곳에 없는 경우나 단단하지는 않지만 어느 정도의 강도가 있는 지층의 경우에 말뚝 주위의 마찰에 의해 지탱하는 것이 마찰말뚝이다. 마찰말뚝 중에는 마찰력을 증가시키기 위하여 말뚝 주위에 마디를 붙이는 경우도 있다.

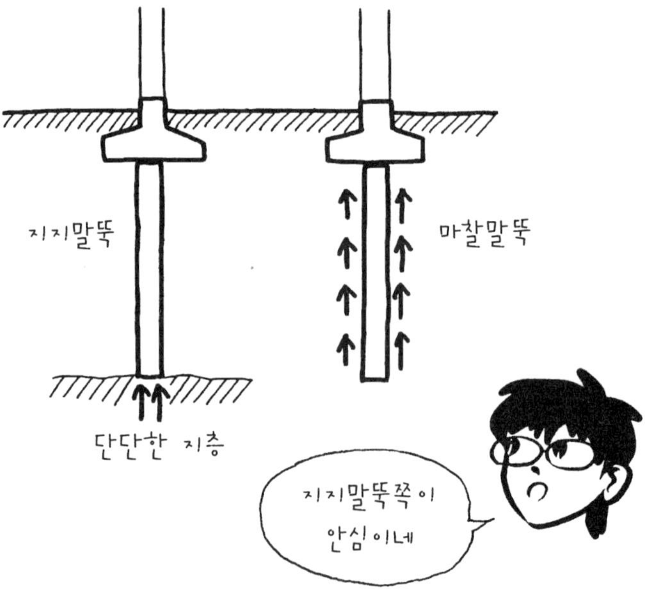

Q 기둥이나 벽 아래에 두는 기초이고, 밑 부분이 퍼져 있는 형태의 기초를 뭐라고 하나?

▼

A 푸팅기초라고 한다.

푸팅기초는 푸팅이라고 하기도 한다. 푸팅이란 영문으로 'Footing' 이다. Foot 이란 발이고, 발처럼 밑 부분을 넓게 하여 지면에 함몰되지 않도록 하고 있다. 밑면이 넓으면 그것만으로 무게가 분산되어 침하하는 것을 막을 수 있다. 예를 들면 하이힐은 뒤의 뾰족한 힐에 무게가 집중되고, 부드러운 흙 위를 하이힐로 걸으면 흙에 빠지게 된다. 부드러운 흙 위를 걸을 때는 발바닥에 달라붙는 평편한 신발쪽이 좋다. 건물에서도 이와 같이 밑 부분이 퍼져 있는 쪽이 건물의 무게를 지탱하기 쉽게 한다. 통상적으로 기둥 밑에 푸팅기초를 둔다. 또 기둥과 기둥에 푸팅기초를 길게 뻗칠 수도 있다. 저층인 RC나 철골 등의 가벼운 건물에서는 푸팅기초만으로 지탱하는 경우가 있다. 물론 땅이 약한 경우는 무리이다. 푸팅기초 아래에 말뚝을 붙이는 경우도 있다. 또 목조에서도 푸팅기초를 자주 사용한다. 목조는 가벼우므로 벽아래에 푸팅기추를 넣는 것만으로 대부분은 시탱할 수 있다.

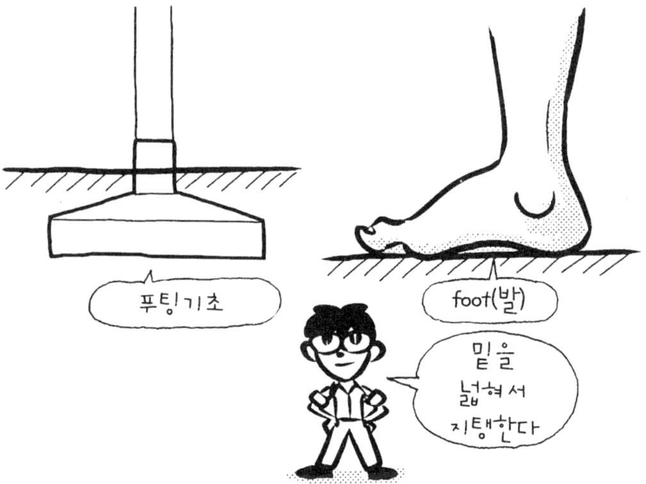

Q 밑면 전체에 만들어진 RC 슬래브로 지탱하는 구조를 뭐라고 하나?

▼

A 전면기초(매트기초)라고 한다.

전면에 콘크리트를 치는 것을 '매트'라고 표현하지만 RC 판(슬래브)을 밑면 전체에 만들고 그에 따라 지탱하는 것이 매트기초이다.

푸팅기초 보다 밑면이 넓기 때문에 무게가 전체로 분산된다. 매트기초 밑에 말뚝을 넣는 경우도 자주 행해진다.

매트기초는 푸팅기초와 마찬가지로 철골조(S 조), 목조(W 조)에도 사용된다. 한신 · 아와지 대지진 이후 목조에도 매트기초를 적극적으로 사용하도록 하였다.

일반적으로 슬래브는 위에서 하중이 걸리지만 기초 슬래브는 밑의 땅에서 위로 밀어 올리는 힘이 걸린다. 철근의 정착도 통상적으로 슬래브와 반대로 위로 꺾여 구부러져 정착한다.

Q 매트기초에서 사용되는 땅의 힘을 받는 밑면 슬래브를 뭐라 하나?

▼

A 내압판이라 한다.

땅의 '압' 력에 '견디' 는 '판' (슬래브)에서 내압판이라 불리고 있다. 기둥이나 벽을 통해 건물의 전하중이 밑면에 전달된다. 그 전하중을 전면 전체에 분산시키는 것이 내압판이다.

건물에서 땅으로는 건물의 무게가 걸린다. 반대로 땅에서 건물로는 무게에 반발하는 힘(반력), 건물을 지탱하려고 하는 힘이 걸린다. 무게와 지탱하는 힘이 조화를 이루어 건물은 지면에서 함몰하지 않고 정지해 있다. 땅이 약하면 지탱하는 힘이 크게 나오지 않지만 내압판으로 하면 무게가 분산되고 땅의 반력이 작아 해결된다. 하이힐보다도 평편한 신발쪽이 함몰이 덜 되는 것과 같은 이유이다.

내압판의 두께는 2, 3층 건물의 RC 조에서도 30~40cm 것을 취한다.

Q 부순자갈(할률석)이란?

▼

A 기초 콘크리트나 도마 콘크리트 밑에 까는 돌이다.

부순자갈을 율석, 할률이라고도 한다. 길이가 20cm 정도, 폭이 10cm 정도의 돌이다. 조금 커다란 돌을 옥석대에 자른 돌도 그렇게 부른다.
부순자갈 대신 커다란 쇄석도 사용한다. 쇄석이란 바위를 부수어 작게 한 인공적인 돌이다.
부순자갈은 수직으로 땅에 끼워 넣는다. 이것을 좁은면 세우기라고 하지만 자귓밥 세우기, 작은 날세우기라고 쓰기도 한다. 나중에 다질 때 땅 속에 박아서 단단히 고정시킨다. 즉 기초를 안정적으로 하기 위함이다.
할률을 깔면 위에 자갈을 걸친다. 모래자갈이라고도 한다. 할률의 틈새를 자갈로 메워 전체를 평평하게 하기 위함이다. 그 위에서 래머라는 기계로 두들겨 다진다. 이렇게 기초나 도마콘을 만드는 준비를 하는 것이다.

Q 찍어낸 자갈(찍어낸 쇄석)이란?

▼

A 0~40mm 범위의 대소(大小) 쇄석이 모인 자갈이다.

쇄석이란 분쇄기(크러셔)에서 바위를 부셔서 만든 자갈이다. 그 쇄석을 체에 걸러 어느 크기 이상의 것을 제외한 것이 찍어낸 자갈이라고 불리는 쇄석이다. 찍어낸 쇄석이라고도 한다. 모래처럼 작은 알갱이의 쇄석에서 커다란 쇄석까지 혼합된 것이다. 분쇄기에서 만든 자갈이라는 의미에서 크러셔런(crusher-run)이라고도 불린다.

40mm 눈금망을 가진 체에 걸면 0~40mm 쇄석이 만들어진다. 0~40mm 쇄석을 C-40 이라든지 크러셔 런 40~0 등으로 쓴다.

할률석 위에 까는 자갈은 이렇게 찍어낸 자갈로 C-40 정도가 사용된다. 할률석 틈새에 넣을 때는 작은 자갈에서 큰 자갈까지 필요하다. 커다란 자갈만이라면 틈새가 잘 메워지지 않는다. 또 도로의 아스팔트 아래 땅에도 찍어낸 자갈은 많이 이용된다.

체에 걸러내고 남은 40mm 이상 쇄석은 체에 더 걸러내어 50mm 쇄석이라든지 200mm 쇄석 등을 만든다. 이 경우는 쇄석의 크기가 대략 동일되어 있어서 찍어낸 자갈과는 다른 사용방법에 쓰인다. 200mm 쇄석은 할률석으로도 사용된다.

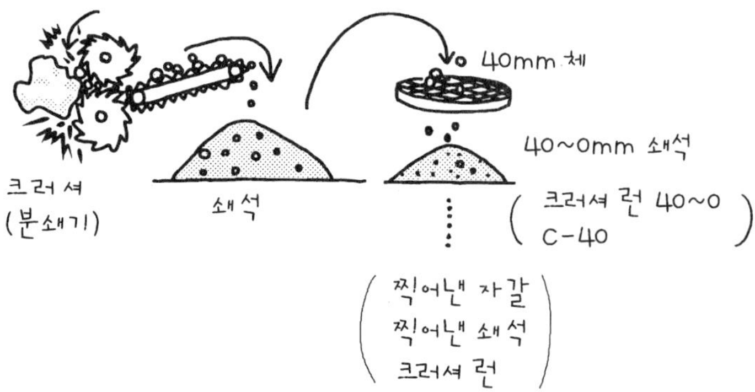

Q 버림콘크리트란?

▼

A **부순자갈 위에 5cm 정도의 두께로 치는 구체공사 준비를 위한 콘크리트이다.**

흙 위에 직접 구조구체를 만들려고 하면 무게가 흙에 전달되기 어렵고, 생콘크리트가 흙에 스며들며, 철근을 흙 위에서 짜지 않으면 안 되고, 먹매김이 되지 않는 등 여러 가지로 불편한 점이 있다. 그 때문에 흙 위에 할률석을 깔고 모래자갈을 뿌리고 다진다. 그 위에 버림콘크리트(버림콘)를 친다. 버림콘은 콘크리트와 성분은 같지만 수분을 적게 한 것도 있다. '스떼(버리는)' 라 불리는 것은 하지(下地)가 되는 콘크리트이기 때문이다. 버림콘크리트를 치는 이유는 우선 수평한 면을 만드는 것이다. 단단한 수평면이 있으면 그 위에 공사를 하는 것이 좋다. 울퉁불퉁한 할률 위에서 공사를 하는 것은 곤란하다. 그리고 수평으로 높이를 조절하는 레벨조정콘크리트라는 의미에서 레벨 콘크리트라고도 한다. 버림콘이 굳으면 먹매김을 하고, 버림콘크리트 위에 먹물과 실(먹줄)로 선을 긋고 기둥, 벽, 보의 위치 등을 확정해 간다. 철근을 짜는 것도 버림콘 위에서 한다. 버림콘크리트는 단단한 수평면이니까 철근을 수평으로 배치하는 것이 간단하게 된다. 버림콘에서의 피복두께도 스페이서를 버림콘 위에 두는 것만으로 확보할 수 있다. 관두께는 버림콘 표면까지로, 버림콘크리트는 두께를 피복두께에 넣어서는 안 된다. 거푸집도 버림콘크리트가 있으면 조립하기 좋다. 철근과 거푸집공사가 끝나 생콘크리트를 쳐넣고 비로소 RC구체가 생긴다. 할률, 버림콘은 구체는 아니고, 어디까지나 구체를 만들기 위한 준비단계이다.

Q 맨션 등에서 내압판 위에 1층 바닥 슬래브를 만들어서 이중 슬래브로 하는 경우가 있는데 어떤 장점이 있나?

▼

A RC슬래브가 이중으로 되어 있으므로 습기가 올라오기 어렵다. 또 바닥 밑으로 사람이 다닐 수 있는 공간이 생기므로 급배수관 등의 배관관리를 간단하게 할 수 있다.

내압판 위에 기초보의 높이를 비워두고 1층 바닥 슬래브를 만들면 RC 슬래브가 이중으로 된 이중 슬래브가 된다. 슬래브가 이중으로 되면 습기가 올라오기 어렵지만 RC 바닥 슬래브 바로 밑이 땅이라면 습기가 올라오게 된다. 화장실의 배수관 등은 바닥 슬래브에 배관하는 경우가 많다. 만약 고장났을 경우 배수관이 땅 속에 있다면 수리하는데 어려움이 따르겠지만 이중 슬래브로 되어 있다면 사람이 들어갈 수 있으므로 수리하기가 쉬울 것이다. 이 경우 60cm 각 정도로 사람의 통로를 기초보 등으로 만들어둔다. 지하에 만드는 설비배관이 지날 수 있는 작은 공간은 지하 피트 등으로 불리는 경우도 있다. 피트란 구멍, 웅덩이란 의미이지만 건축에서 피트는 설비를 위한 공간이나 하수구를 가리킨다.

Q 지하실에서 RC벽 안쪽에 콘크리트 블록벽을 만들어 이중벽으로 하는 경우가 있는데 어떠한 장점이 있나?

▼

A 스며들어오는 지하수를 밑으로 흘려서 방 안으로 들어오지 못하게 하는 효과가 있다.

땅에는 물이 많이 함유되어 있다. 지하수위가 높아서 지표에 가까운 경우 더욱 많은 물을 함유하고 있다. 그 물이 RC벽으로 스며들어온다. 또 태풍 등 큰 비가 올 때도 지하에는 물이 스며들기 쉽다.
그 물이 방 안쪽으로 들어갈 수 없도록 이중벽으로 한다. 이중벽 사이의 공간이 물을 아래로 떨어트리는 역할을 한다. 물론 습기의 침입도 막아준다.
이중벽의 안쪽 벽은 콘크리트 블록(CB)으로 만드는 것이 보통이지만 내수성 보드 등으로 간단히 만들기도 한다.

Q 지하 피트에서 물을 모으는 웅덩이를 뭐라고 하나?

▼

A 부장(釜場)이라고 한다.

이중벽의 물은 아래로 떨어트려 지하 피트로 들어가 더욱 물매를 붙인 하수구 등으로 흘러서 최종적으로 부장이라고 하는 웅덩이에 모인다. 부장에는 수중펌프를 2대 넣어두고 교대로 작동시켜 물을 밖으로 퍼낸다.
수중펌프란 물 속에 완전히 잠겨 물을 퍼내기 위한 펌프이다. 펌프를 2대 넣는 것은 1대가 고장나도 물을 밖으로 퍼낼 수 있도록 하기 위한 것이다.
부장이란 원래는 뭔가를 지피는 가마를 두는 장소이지만 구멍형태가 부장에 있는 것과 닮아 있기 때문에 이러한 이름으로 불리게 되었다. 이와 관련하여 대중목욕탕에서도 부장이란 물을 끓이는 가마가 있는 보일러실을 가리킨다.

Q 드라이 에어리어란?

▼

A **지하실에서의 채광, 환기, 반입 등을 위한 파 놓은 공간이다.**

드라이 에어리어를 직역하면 마른 장소이다. 지하실을 위해 외벽설치 전에 설계하는 구멍, 굴로서 공굴(空堀)이라고도 한다. 지하에 방을 만드는 경우 땅으로 에워싸여 컴컴한데다 공기도 들어오지 않는다. 음식점의 경우라면 인공조명, 강제기계환기 등으로 해결할 수 있지만 건강에는 좋지 않다. 법규에서 주택의 거실에 창이 없어서는 안 된다. 따라서 드라이 에어리어를 만드는 것으로 빛과 공기가 들어 올 수 있다. 지하에 기계실을 만드는 경우는 기계의 반입에 문제가 있다. 계단을 통해 커다란 기계를 들여놓을 수 없는 등 문제가 있는 경우 기계실 앞에 드라이 에어리어를 설계하여 커다란 문을 만들고, 위에서 크레인으로 드라이 에어리어에 떨어트려 거기에서 기계실로 반입한다. 드라이 에어리어 구멍에 뚜껑이 있는 경우 그레이팅이라고 하는 철망을 설치하는 경우가 있다. 사람이나 차가 타더라도 튼튼하고 채광, 환기를 가능하게 한다. 드라이 에어리어는 지하실에서의 피난경로로 되는 경우가 있다. 그 때문에 드라이 에어리어에 지상으로의 외부 계단을 설치하는 경우도 있다.

Q 엘리베이터란?

▼

A 최하층 엘리베이터 시프트(승강로)에 설치하는 공간이다.

피트란 구멍을 말하고 엘리베이터 피트란 엘리베이터를 위한 공간이다. 가령 1층에서 엘리베이터가 올라가기 시작한다고 하자. 1층 바닥과 같은 위치에서 승강로를 멈추게 되면 엘리베이터는 1층에서 멈출 수 없게 된다. 왜냐면 엘리베이터 상자(카고) 바닥에는 두께가 있고, 바닥 아래에는 기계가 붙어 있다. 더욱이 내려온 엘리베이터를 급하게 세울 수 없으므로 어느 정도의 여분이 필요하다. 떨어트린 경우의 완충장치도 필요하다. 그 때문에 지하에 승강로를 뻗게 한다. 그 뻗은 부분의 승강로를 엘리베이터 피트라고 한다. 엘리베이터 상자가 오르내리는 승강로의 종혈(縱穴)은 시프트라든지 엘리베이터 샤프트라고 한다. 샤프트란 기둥 모양을 말하지만 우물 같은 세로구멍을 가리키는 경우도 있다. 엘리베이터 샤프트 바닥 부분, 최하층 바닥에서 아래를 엘리베이터 피트라고 한다.

Q 엘리베이터의 오버헤드를 위한 치수확보는 어디서 어디까지인가?

▼

A 최상층 바닥에서 승강로 상부 슬래브 아래까지의 거리를 말한다.

엘리베이터 상자(카고) 상부에는 매달기 위한 구조재나 기계가 있다. 옥상 슬래브와 같은 위치에 승강로 위 슬래브를 두면 머리가 부딪히게 된다. 또 엘리베이터를 멈추기 위한 공간도 필요하다.

그 때문에 오버헤드 치수가 정해져 있고, 오버헤드 치수를 확보하기 위해서는 엘리베이터 기계실의 바닥 슬래브를 옥상 바닥 슬래브보다도 위로 올려야 한다. 그래서 기계실 구조는 아래 그림처럼 조금 복잡한 보로 구성되어 있다.

오버헤드 치수는 엘리베이터 제조사의 카탈로그에 실려 있다. 그 외에 엘리베이터 상자를 매다는 구조재에서 슬래브 아래까지의 치수, 기계실의 바닥에서 보 아래까지의 치수 등도 지정되어 있다. 설계자는 카탈로그 수치에 맞춰 승강로 및 기계실을 설계하지 않으면 안 된다.

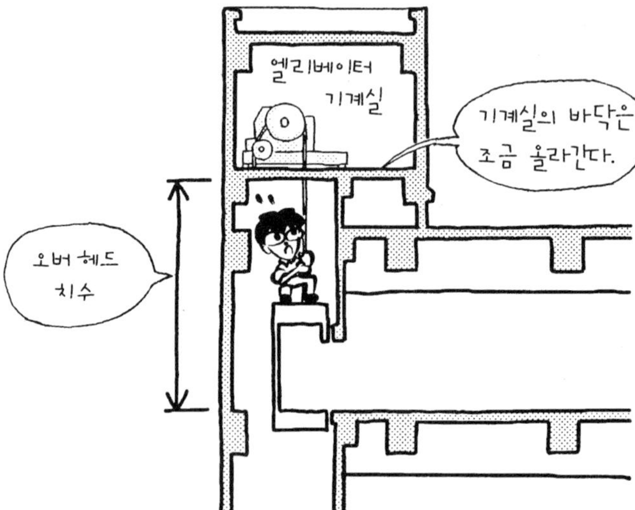

Q 표면에 마디가 있는 철근을 무엇이라고 하나?

▼

A 이형철근 또는 이형봉강이라고 한다.

매끈한 철근을 환강(丸鋼)이라 하고, 울퉁불퉁한 마디가 표면에 붙어 있는 것은 이형철근이다.

현재는 이형철근 쪽이 많이 사용된다. 표면에 요철이 있기 때문에 콘크리트와의 부착이 좋고 일체화되기 쉬우므로 잡아 빼는 데 대한 저항도 강하다. 환강의 단면은 원형이므로 10mm 환강이라고 하면 10mm 이다. 직경 10mm 라는 것을 10ϕ 라는 기호로 표시하고, ϕ 는 직경이라는 의미이다. 현장에서는 '빠이' 라고도 하는데, 정확하게는 파이라고 읽는다. 이형철근의 경우 단면은 원이 아니다. 그래서 직경 10mm 인 원과 거의 같은 단면적이라는 의미로 D10 이라고 표시한다. D10 은 직경이 약 10mm 인 이형철근이다. D10 의 단면적은 직경 10mm 원의 면적과 거의 같다.

이형철근 → D10
환 강 → 10ϕ

이 기호는 기억해두자. 더욱이 D10 은 가는 철근을 사용하는 곳에 많이 언급되고, 현장에서는 '데이트' 라고 불리는 경우도 있다.

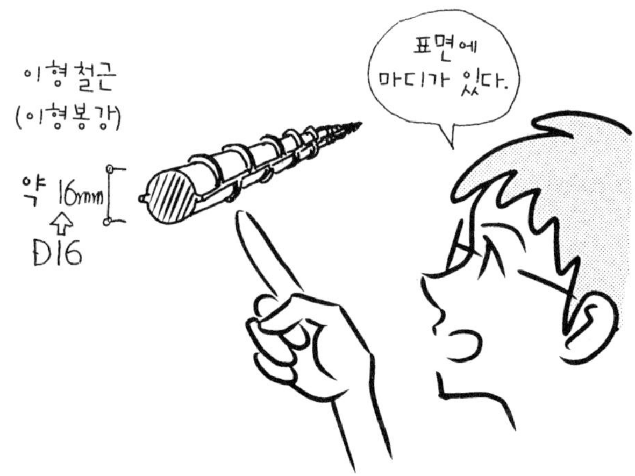

Q 기둥, 보의 축방향에 넣는 철근을 무엇이라고 하나?

▼

A 주근이라고 한다. 보 위의 주근을 상단근, 아래 주근을 하단근이라고도 한다.

주근이란 문자 그대로 주가 되는 철근이다. 기둥, 보의 축방향, 장방향에 통하게 하여 넣는다.

주근은 끌어당기는 힘, 구부리려고 하는 힘에 저항한다. 주근이 들어가 있지 않으면 콘크리트는 간단하게 부서져버린다.

기둥의 주근은 최저층에도 4구석에 1개씩 총 4개를 넣고, 2, 3층 건물의 기둥에도 D20 정도의 철근을 각 변에 3개씩 총 8개를 넣는다.

보의 상단근, 하단근이 떨어져 있는 경우는 중간에도 축방향에 철근을 넣는 경우가 있다. 주근 사이에 넣는 철근을 배에 넣는다는 의미에서 복근이라고도 한다. 상단근, 하단근의 개수는 구조계산에 따라 달라진다. 위쪽이 많기도 하고 아래쪽이 많은 경우도 있어 다양하다.

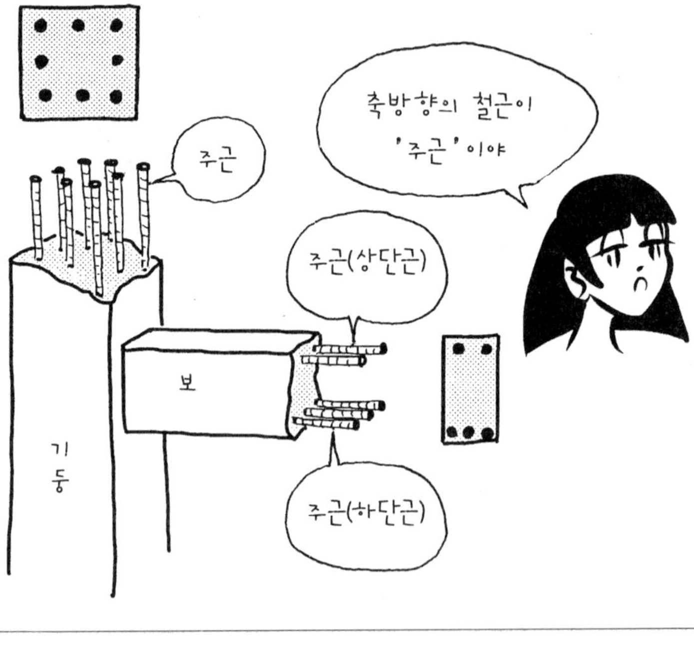

Q 기둥의 주근 주변에 감아 붙인 철근을 무엇이라고 하나?

▼

A 띠근 또는 후프라고도 한다.

띠 모양으로 감겨 있으므로 띠근이라고도 한다. 영어로는 후프(Hoop), 후프란 굴렁쇠, 테(술통, 통)라는 의미이다.
띠근은 기둥을 횡에서 평행사변형으로 어긋나게 변형하려고 하는 힘(선단력)에 저항한다. 또 띠근 내부의 콘크리트가 대지진 때 옆으로 튀어 나가지 않도록 하는 효과나 기둥을 끈기가 강하게 하는 효과도 있다.
띠근은 D10 의 이형철근을 10cm 이하 간격으로 넣는 경우가 많다.
보에 감아 붙이는 철근은 다른 이름으로 불리므로 여기에서 띠근, 후프의 이름은 기억해두자.

[슈퍼 기억술]
띠가 묶여서 후-프 괴로워
띠근

Q 스파이럴근이란?

▼

A 나선형 띠근이다.

스파이럴(Spiral)이란 나선이나 소용돌이라는 의미이다. 스파이럴근은 나선형으로 감아진 띠근이다. 스파이럴 후프라고도 한다.

빙글빙글 감아져 있으므로 일반적인 띠근보다 주근의 구속이 강하고, 쉽게 벗겨지지 않는 장점도 있다. 지진 시에는 내부 콘크리트가 바깥쪽으로 튀어 나가서 기둥이 무너지는 경우가 있지만 띠근의 구속이 강하면 그것을 방지할 수 있다.

보통 띠근은 현장에서 한 개씩 결정된 간격으로 넣지만 그 간격을 유지하는 것도 중요한 일이다. 아래 띠근을 겹쳐 두고 주근을 세운 후 그 위에 겹치지 않도록 약간 옮겨서 일정간격으로 띠근을 고정시켜 나간다. 한편, 스파이럴근은 처음부터 공장에서 완제품으로 만들어져 나오므로 위에서 박기만 하면 되고, 시공공정도 유지할 수 있다.

단, 기둥 1개분의 띠근을 통해 만들기 때문에 무거워지고, 위에 들어올리는 것도, 또 주근 외측에 떨어트려 넣는 것도 힘들다. 그리고 비용도 높아지고, 시공이 힘든데다 비용이 많이 들기 때문에 이상적인 띠근이면서도 그다지 사용되지 않는 경향이 있다.

Q 보의 주근 주변에 휘감겨 있는 철근을 무엇이라고 하나?

▼

A 갈빗대(아바라)근이라고 한다.

갈빗대 모양처럼 휘감겨 있어서 갈빗대근이라고 한다. 영어로 스터럽(Stirrup)이라고 한다.

스터럽이란 승마에서 안장 옆에 다리를 걸기 위하여 매다는 등자, 등산용 짧은 줄사다리라는 의미가 있다. 본래 이러한 것을 거는 고리모양의 철물을 가리키지만 건축에서는 갈빗대근을 가리킨다.

갈빗대근은 D10의 이형철근을 25cm 이하 간격으로 넣는 경우가 많다. 기둥은 띠근, 보는 갈빗대근, 띠도 갈빗대도, 주근에 감겨 있는 것이다. 처음에는 헷갈리기 쉬우므로 후프, 스터럽이라는 용어와 함께 여기서 기억해두자.

[슈퍼 기억술]

보의 끊어진 부분에, 갈빗대가 나오는 것이 스타의 조건

보 / 갈빗대근 / 스터럽

Q 벽 속의 철근은 어떤 모양으로 짜나?

▼

A 종횡 그물코 모양(Grid)으로 짠다.

D10 정도의 이형철근을 20cm 간격 정도에서 종횡으로 짠다. 즉 구조계산에 의한다.

한 겹으로 그물코를 넣는 것을 싱글배근, 이중으로 그물코를 넣는 것을 이중배근(더블배근)이라고 한다. 내진상 유효한 벽(내진벽)이나 두꺼운 벽의 경우는 이중배근이 보통이다. 두꺼운 벽인데 싱글배근이라면 콘크리트에 균열이 생기기 쉽다. 이중배근에서도 세로근을 서로 다르게 넣는 경우를 치도리배근이라고 한다.

Q 더블배근을 치도리 배근으로 하는 것은?

▼

A 피복두께, 빈자리 수치가 취하기 쉽기 때문이다.

정해진 벽두께 속에 이중으로 석쇠모양의 철근을 넣는 경우, 철근끼리 밀집하게 된다. 철근끼리 너무 가까우면 생콘크리트의 자갈이 통과할 수 없게 되고, 또 콘크리트 표면에도 가까워서 피복두께도 작아진다. 더욱이 철근이 녹슬기 쉽다. 철근의 빈자리 수치는 철근지름이나 자갈지름의 몇 배 이상, 몇 mm 이상, 피부두께는 몇 mm 이상 등으로 정해져 있다. 자갈이 막히는 것을 방지하고, 철근이 녹슬어 콘크리트가 폭열하는 것을 방지하는 등의 여러가지 의미가 있다. 빈자리 수치, 피복두께를 취하는 데 치도리배근은 유효하다. 양측의 콘크리트 표면에서 피복두께만 떨어트려 횡방향 철근을 두고 그에 직교하도록 종방향 철근을 두면 세로근끼리의 빈공간이 작게 된다. 그것이 규정치 이하인 경우 치도리에 겹치지 않도록 약간 옮기면 빈 공간을 취할 수 있다.

Q 상판(바닥 슬래브) 안의 철근은 어떤 형태로 짜나?

▼

A 종횡 그물코(Grid)를 2단으로 짠다.

D13 정도의 이형철근을 15~20cm 간격으로 종횡 2단으로 짠다. 정확하게는 구조계산에 의한다.

위의 철근을 상단근, 아래 철근을 하단근이라 하는 것은 보의 경우와 같다. 철근의 두께는 보에서 보까지 어느 정도의 스팬인가에 따라 달라진다. 짧은 쪽 변(단변)방향의 철근에 의해 주로 유지하려고 하기 때문에 단변방향에 두꺼운 철근을 사용하고, 간격을 더욱 좁게 배근한다.

Q 철근후크란?

▼

A 철근의 앞 끝을 갈고리 모양으로 구부리는 것이다.

후크(Hook)란 갈고리 모양의 철물이다. 철근에서는 앞 끝을 구부려 놓은 것을 가리킨다.
후크로 하면 콘크리트와의 부착이 잘 되고 잡아 빼려는 힘에 대한 저항도 커지게 된다. 앞 끝을 잘라낸 상태로 하는 것보다도 구조적으로 강하게 된다.

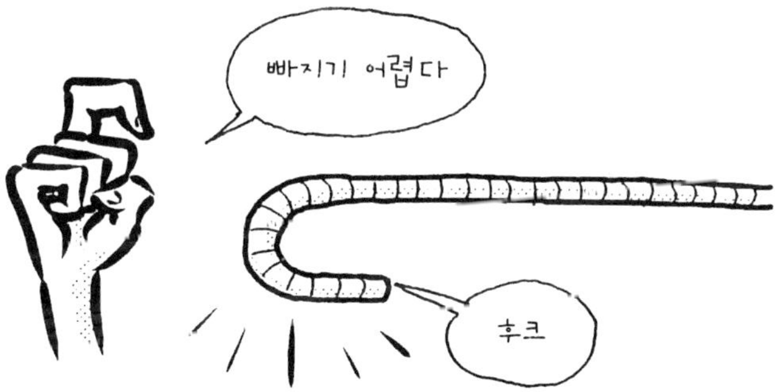

Q 철근정착이란?

▼

A **철근을 기둥, 보에서 빠지지 않도록 단단히 메워 넣는 것이다.**

가령 보의 주근을 기둥에 정착시킨다. 크게 L자형으로 구부려서 기둥 속에 메워 넣는다. 특히 상단근은 기둥의 중심보다도 앞에 메워 넣는다.

후크가 철근의 앞 끝만 작게 구부린 것에 비해 정착에서는 크게 L자형으로 구부린다.

이렇게 보의 철근을 기둥에 단단히 정착하면 위에서 무게가 가해져도 철근이 빠지는 일은 없다. 반대로 정착이 느슨하게 되면 철근이 빠져서 보가 떨어지게된다. 보의 철근만이 아니라 기둥의 주근 기초에 정착, 벽의 철근 기둥에 정착, 바닥 슬래브 철근의 보에 정착 등 정착은 어느 부위에서도 필요하다.

정착길이는 법률이나 각종 기준에서 철근지름의 몇 배 이상이라고 정해져 있다.

그만큼 안전에 관계된 일이기 때문에 중요하다.

Q 철근계수란?

▼

A 철근끼리 축방향으로 연결하는 것이다.

축방향으로 재료를 연결하는 방법을 계수라 하고, 목조 등에서도 사용되는 용어이다. 철근이 길게 겹쳐서 필요한 경우는 연결하여 길게 해야 하고 계수가 필요하게 된다.
철근끼리 일정길이만 겹쳐서 철선으로 묶는 겹침계수가 일반적이다.
콘크리트가 굳으면 일체화되어 1개의 철근으로서 효과가 나타나게 된다.
겹침계수 이외에 가스압접계수라는 방법도 있고, 가스압접이라고도 한다.
뜨겁게 가열하여 접합단면을 팽창시켜 접합한 계수이다.
계수의 겹침길이(겹침계수길이)에는 기준이 있고 철근지름의 몇 배로 정해져 있다.

Q 철근 가스압접이란?

▼

A 가스의 열과 압력으로 철근을 연결하는 계수방법이다.

지름이 20mm 정도 이상인 두꺼운 철근은 가스압접으로 연결한다. 양쪽에서 눌린 상태의 철근을 원호모양의 가스버너로 열을 가해 혹 모양의 팽창된 상태로 일체화시킨다.

가스압접에서 철근은 꼭 용해되는 것만이 아니라 철의 원자에 활발한 운동을 시켜서 재배열하고 일체화시키는 것이다. 1,200~1,300℃에서 철이 녹는 일 없이 고체인 채로 접합시키는 것이 가스압접이다. 철도의 레일도 가스압접으로 연결한다.

일정량의 압접계수는 인장 시험이나 초음파탐상시험을 행하여 안정성을 확인한다. 가스압접 직후에 팽창한 부분을 잘라내어 접속면을 눈으로 볼 수 있도록 하는 냉간압반(열 사이 눌러 빼는) 법을 행하면 더욱 안정성이 높아진다. 이 방법을 이용하면 팽창한 내부에서 철근끼리 일체화하지 않는 경우 눈으로 직접 끊어진 곳을 확인할 수 있기 때문이다.

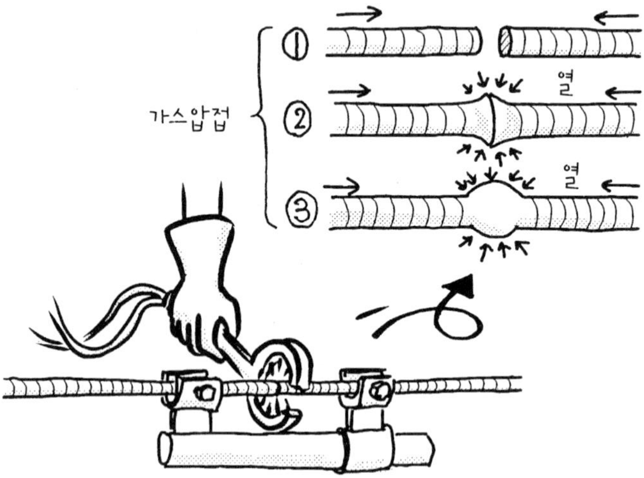

Q 철근조립시 철근 상호 고정은 어떻게 하나?

▼

A 결속 철선으로 결속한다.

직경 0.8mm 정도의 열간가공한 철선을 사용하여 묶어서 고정한다. 결속은 소위 철사의 일종이다. 철은 열간가공하면 유연하고 절단하기 쉽다. '열간가공이란' 열을 가한 후 서서히 식히는 것을 말하고, 물이나 기름 등에 넣어 급랭하는 것을 '냉간가공'라고 한다. 철은 냉간가공하면 단단해지지만 맥없이 빠지기 쉽다. 날붙이는 곳은 냉간가공을 해서 만든다.

열간가공 → 유연하게 된다.
냉간가공 → 단단하게 된다.

묶기 위한 철선은 유연한 쪽이 좋으므로 열간가공으로 만든다. 열간가공으로 만들어진 철선으로 결속선이라고도 한다. 결속번호선, 번호선이라고도 한다. 결속선을 2개 잘라서 묶고 고리로 된 부분에 공구를 넣고 비틀어서 단단히 묶는다. 결속선을 감아 꼬아서 고정하는 것이다. 그 비틀기 위한 공구를 해커라고 한다. 철근끼리 용접해서 붙이면 열이 가해지기 때문에 팽창한 채 고정되게 되고 식었을 때는 수축하여 철근 내부에 힘이 발생하게 된다. 또 용접에서는 생콘크리트의 압력에 견디지 못하여 벗겨지는 것도 염두에 둘 수 있다. 결속선으로 결속하면 그러한 일은 발생하지 않는다.

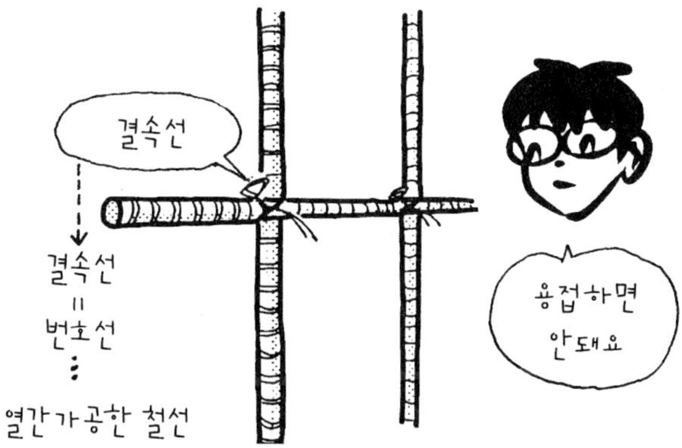

Q 보 슬리브란?

▼

A **설비배관 등을 지나갈 수 있도록 하기 위하여 보에 뚫린 구멍이다.**

슬리브(Sleeve)란 소매를 뜻한다. 노 슬리브란 소매가 없는 옷이다. 즉 소매에 팔이 통과할 수 있도록 설비의 관을 지나가게 하는 것을 말한다. 보나 벽에서도 관통 구멍을 슬리브라고 한다. 배관류는 보 아래로 지나가는 것이 최상이지만 천장 속에 설치할 수 없기 때문에 보에 슬리브를 취하는 경우가 많다. 맨션에서 눈에 자주 띄는 것이 부엌 등의 배기관을 지나가는 슬리브이다. 천장면이 보 아래 보다 위에 있는 맨션에서는 보관통을 어쩔 수 없이 하고 있다.

벽의 슬리브에서 자주 볼 수 있는 것은 쿨러의 냉매관이 지나가는 슬리브, 급기구를 위한 슬리브이다. 슬리브는 벽보다도 보쪽이 구조적으로 중요하다. 커다란 구멍을 보에 뚫어 놓으면 무게를 지탱하지 못하고 무너질 가능성이 있기 때문이다. 보에 슬리브를 뚫는 경우는 보 높이(梁成)의 1/3 이하로 한다.

슬리브는 계획적으로 뚫는 것으로 나중에 아무 생각 없이 뚫으면 구조적인 결함이 될 위험이 있다.

Q 보 슬리브를 보강하려면?

▼

A 보강을 위한 철근을 다양한 형태로 넣는다.

아래 그림처럼 슬리브 주변에 철근을 증가시켜 배치하고, 슬리브로 만든 구멍을 보강한다. 슬리브의 보강은 아래 그림 외에 그물망 모양의 용접된 철망(용접철망)을 넣거나 철판을 넣기도 한다.

보 슬리브는 실제로 있어서는 안 되는 구멍이다. 보는 중요한 구조체로 바닥의 무게가 묵직하게 가해진다. 어쩔 수 없는 슬리브를 만드는 경우는 그림처럼 철저하게 보강할 필요가 있다.

Q 벽에 뚫은 창, 문, 슬리브 등의 구멍을 보강하려면?

▼

A 보강을 위한 철근을 종횡 및 45도로 넣는다.

철근으로 보강하지 않으면 아래 왼쪽 그림처럼 창의 모서리에 경사진 균열, 창 주위에 종횡의 균열이 생기기 쉽다.
그래서 구멍 모서리에는 45도로 철근을 넣고, 네 변에는 평행으로 종횡 철근을 넣어서 보강한다. 창, 문, 슬리브 등 콘크리트벽에 뚫린 구멍을 보강하기 위해서는 철근보강을 반드시 넣어야 한다.
벽은 보 정도의 무게가 걸리지 않으므로 보의 슬리브 정도 보강은 지나치는 정도이다. 단, 나중에 콘크리트에 구멍을 뚫으면 보강을 위한 철근 없이 벽의 철근을 절단하게 되므로 콘크리트 내구성이 저하한다.

Q 콘크리트 표면에서 철근 표면까지의 거리를 무엇이라고 하나?

▼

A 피복두께라고 한다.

피복두께는 콘크리트가 철근에 얼마나 덮여져 있는가의 두께이다. 콘크리트는 표면에서부터 중성화가 진행되고, 중성화가 되면 철근은 쉽게 녹슬고, 철근이 녹슬면 팽창하여 주위의 콘크리트도 파괴된다. 피복두께가 얇으면 철근 주변의 콘크리트가 빨리 중성화되어 철근이 녹슬기 쉽다. 피복두께가 얇으면 콘크리트 표면에 균열이 쉽게 생긴다. 예를 들어 피복두께가 1mm 라면 콘크리트를 친 그날 중에 균열이 생기고 철근이 노출될 것이다. 따라서 균열이 생기면 그곳으로 물이 스며들어가 철근이 녹스는 것이다. 피복두께가 얇으면 생콘크리트를 흘려 넣을 때에도 지장이 있다. 자갈이 거푸집과 철근 사이에 막혀서 생콘크리트가 아래로 흐를 수 없게 된다. 그 부분만 콘크리트가 없는 상태가 되어 구조적인 결함이 나타난다. 콘크리트를 치기 전에 배근검사를 한다. 이때 피복두께를 관찰하는 것은 중요한 일이다. 피복두께가 부족한 곳은 철근과 거푸집 사이에 스페이서(피복두께를 잡는 도구)를 끼우든지, 최악의 상태는 배근을 다시 해야 하는 일도 생긴다. 피복두께는 각종 기준에서 어느 부위에서는 몇 cm 이상으로 정해져 있다.

Q 스페이서란?

▼

A **철근과 거푸집 사이에 끼어서 철근의 피복두께를 확보하는 도구이다.**

스페이스(Space)는 잡는 도구라는 의미로 스페이서라고 한다. 스페이서가 없으면 생콘크리트를 흘려 넣을 때 생콘크리트의 무게로 철근이 움직여 피복두께가 작아지게 된다. 이를 막기 위해 반드시 스페이서를 일정간격으로 철근과 거푸집 사이에 넣는다.
외벽에서의 피복두께는 2cm 이상 필요하지만 콘크리트를 증가시켜서 친(R132) 두께가 2cm 인 경우에 합해서 4cm 가 된다. 따라서 4cm 인 스페이서를 삽입한다.
슬래브근도 4 개의 스페이서를 사용해서 피복두께를 확보한다.
생콘크리트를 치기 전에 피복두께가 제대로 잡혀 있는지 체크하고 잡혀 있지 않을 경우 추가로 스페이서를 넣는다.

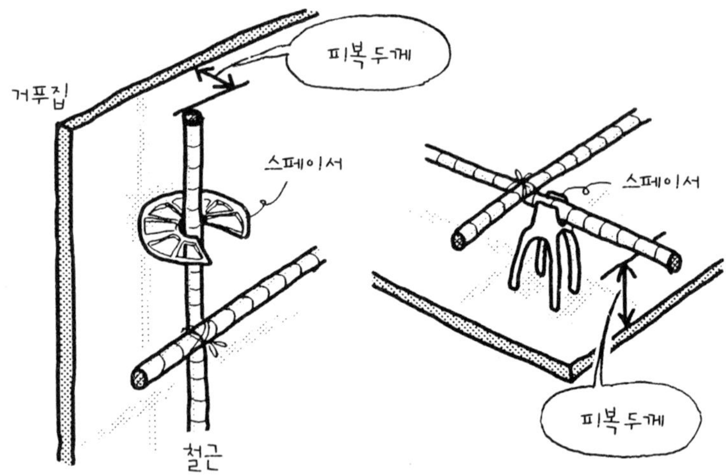

Q 2층 건물인 RC조 평지붕 건물에서 콘크리트를 치는 순서는?

▼

A 1층 바닥 슬래브 상단까지 → 2층 바닥 슬래브 상단까지 → 지붕층의 바닥 슬래브 상단까지 → 파라펫 순서로 친다.

각각 약 1개월 걸리지만 1층분의 벽, 보, 바닥은 한번에 치고, 바닥 위에서 멈춘다. 바닥이 굳고 나서 윗층 바닥을 치는 것이다. 콘크리트가 굳지 않으면 거푸집공사, 배근공사를 할 수 없다.

1층의 바닥 슬래브 밑에 기초가 있는 경우는 기초를 치고 그 다음에 1층 바닥 위까지를 친다. 보는 바닥 슬래브와 일체이기 때문에 바닥 슬래브까지 치면 보 전체가 완성된다. 이처럼 RC에서는 바닥 1장을 1개월로 차례로 각층을 짜 올라간다. 마지막으로 파라펫을 친다. 파라펫과 지붕의 바닥 슬래브를 일체로 해서 치면 좋지만 내측의 거푸집 등을 고려하면 어려운 공사가 된다. 거푸집은 양측에 만들어서 안에 생콘크리트를 쳐 넣는다. 외측은 내벽과 함께 한다. 내측은 지붕 슬래브가 굳지 않으면 보통은 만들 수 없다. 굳지 않은 슬래브 위에 조립하는 경우가 되기 때문이다. 그래서 무리하게 내측의 거푸집을 만드는 경우는 뜨는 틀이 된다. 작은 부분이라면 뜨는 틀이라도 가능하지만 커지게 되면 불가능하다. 파라펫의 시작부분을 약간(가령 높이 100mm까지)만 바닥 슬래브와 일체로 치는 경우도 자주 생긴다. 물에 약한 부분만이라도 바닥 슬래브와 일체로 해두고자 한다.

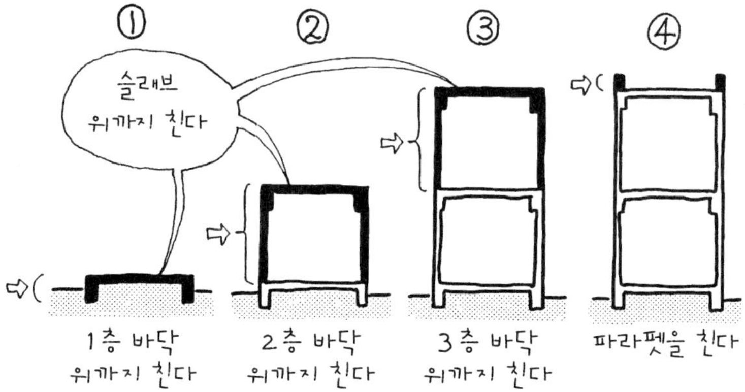

Q 바닥 슬래브 위까지 콘크리트를 칠 때 아래층의 철근은 어떻게 하나?

▼

A 단면방향의 철근(기둥의 주근, 벽의 종근 등)을 바닥 슬래브 위에서 자르지 않고 위로 나오게 둔다.

바로 윗층의 철근공사를 시작할 때 기존에 남겨둔 철근과 쉽게 연결하기 위해서이다. 철근을 슬래브 위에 정확히 맞춰서 잘라버리면 상하층의 철근은 연결할 수 없게 되고, 콘크리트와 철근은 일체화되지 않아 구조적으로 문제가 된다. 기존의 RC 부분에서 나중시공으로 RC를 만들지 않으면 안 되는 경우 삽입근이라는 방법을 사용한다. 전시공의 콘크리트에 구멍을 뚫고 거기에 철근을 끼워 넣는다. 끼워 넣는 것만으로는 빠지기 때문에 케미컬 앵커(경화하는 수지를 사용해서 빠지지 않게 하는 제품 → R153) 등을 사용해서 철근을 전시공의 콘크리트에 확실히 고정시킨다. 그 후에 거푸집을 만들어서 콘크리트를 친다. 콘크리트 이어치기할 때 삽입근을 넣는 경우가 있다. 이 경우 삽입근은 추가로 끼워 넣는 철근이라는 의미이다. 신 · 구 콘크리트끼리의 일체화를 강화하기 위해서 행한다.

Q 콘크리트 이어치기 부분으로 물은 침투하기 쉽나? 어렵나?

▼

A 침투하기 쉽다.

콘크리트 이어치기 부분은 콘크리트가 완전하게 일체화되지 않으므로 비나 지하수가 침투하기 쉬운 부분이고, 이어치기 부분을 대수롭지 않게 취급한다면 치명적인 결함이 발생한다. 그래서 이어치기 부분에 이어치기 이음매를 만들어서 봉인하거나 콘크리트 내부에 지수판을 넣는 등 여러 가지 방법을 적용한다. 이렇듯 여러 방법을 이용해도 지하의 이어치기 부분은 지하수가 침투하기 쉬운 약점이 있다. 따라서 지하실에서는 물이 침투하더라도 문제되지 않도록 벽을 이중으로 하거나 RC 구체의 외측을 방수층으로 덮는다.

Q 콘크리트 이어치기 이음매는 어떻게 만드나?

▼

A 슬래브 상단 외벽측에 폭, 깊이 모두 2cm 정도의 홈을 만들고 거기에 실링재를 충전해서 만든다.

콘크리트를 쳐넣기 전에 이음매 막대라는 2cm 각 정도의 막대를 슬래브 단의 거푸집에 붙여둔다. 그리고 콘크리트가 굳은 후에 빼내면 2cm 각의 홈이 생기고, 그 홈을 접착성과 신축성 있는 실링재로 충전한다.
홈을 만들지 않고 실링재를 치려고 해도 콘크리트 표면에서 불거져 나와 붙기 때문에 나중에는 떨어진다. 홈을 만드는 것으로 실링재가 들어갈 장소가 생기고 실링재의 접착성과 신축성에서 물의 침투를 막는 구조이다.
RC조 건물에서 외벽과 도장 마무리나 제물마감되어 있는 것은 콘크리트 이어치기 위치를 이 줄눈에 의해 확인할 수 있다.

Q 콘크리트 이어치기 줄눈에 사용되는 실링재란?

▼

A 위를 도장하지 않는 경우는 폴리설파이드계 실링재, 위를 도장하는 경우는 폴리우레탄 실링재를 사용한다.

고분자화합물에서 접착성이 있고 경화 후에도 고무처럼 탄성이 있다.
신축성과 내수성이 있어 이음매에 실링재를 충전하면 물의 침투를 막을 수 있다. 실링재를 친 공사는 충전용 총을 사용하여 이음매 바깥쪽에 흘러넘치지 않도록 종이 마스킹 테이프를 붙여둔다.
실링재는 코킹재라고도 한다. 실링재를 치는 것을 '실링한다' 라고 하기도 한다. 일반적으로 실(Seal)을 붙이는 경우의 실과 같은 단어이다.

도장 X → 폴리설파이드계 실링재
도장 O → 폴리우레탄계 실링재

Q 콘크리트 이어치기 이음매의 실링재는 2면 접착인가? 3면 접착인가?

▼

A 3면 접착이라고 한다.

이음매 실링의 경우 2면 접착과 3면 접착이 있고, 서로 움직이지 않는 경우를 3면 접착이라고 한다. 콘크리트의 종류는 서로 움직이는 것은 아니므로 3면 접착이라고 한다. 이어치기면 위의 콘크리트와 아래 콘크리트는 일체화된 것이다. 판을 연결하지 않았으므로 위 콘크리트가 아래에서 떨어져 움직이는 일은 없다. 아래 그림에서 면①, 면②는 붙었다 떨어졌다 하지 않는다. 따라서 실링재를 면③에도 접착시킨다. 면③에 실링재가 접착되지 않는 경우 이음매의 위에서 들어온 물이 면③의 틈새로 스며들어 그 밑의 콘크리트까지 스며들 가능성이 있다. 따라서 면③과도 접착시킨다.

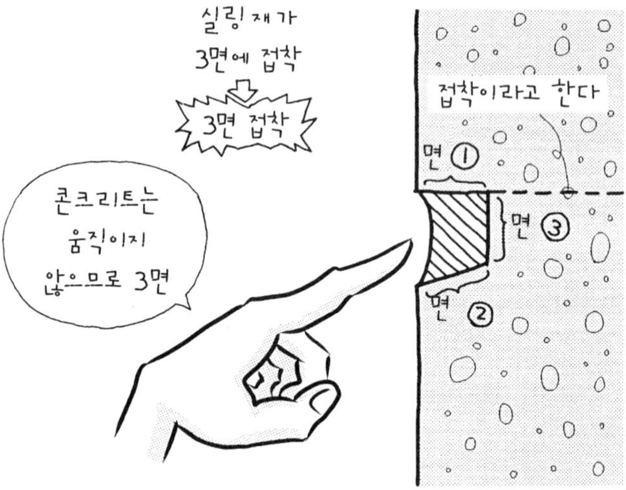

Q 판의 이음매처럼 이음매 폭이 움직이면 예상된 이음매의 실링재는 2면 접착일까? 3면 접착일까?

▼

A 2면 접착이다.

아래 왼쪽 그림처럼 3면 접착으로 하면 이음매 폭이 넓어진 때 면③이 열리고 접착된 실링재가 파열된다. 면③이 열리면 면③에 딱 붙어 있던 실링재도 그에 따라 움직이기 때문이다. 실링재가 판의 움직임으로 인해 손상되는 것을 막기 위해 면③에 접착하지 않으면 안 되는 것이다. 2면 접착에서는 면①과 면②만 실링재를 접착시킨다. 판이 갈라질듯이 움직여도 면③과는 접착하고 있지 않기 때문에 실링재가 팽창하여 손상은 피할 수 있다. 이처럼 움직이는 이음매를 워킹 조인트라고 한다. 콘크리트 판끼리의 이음매, 새시와 콘크리트의 이음매 등이 워킹 조인트이다. 워킹 조인트에서는 2면 접착이 원칙이다.

워킹 조인트 → 2면 접착

이 2면 접착을 가능하게 하는 것을 백업재라고 한다.
실링재와 접착하지 않는 재질로 만든 백업재로 이음매의 안을 막는다. 그 위에 실링재를 치면 2면 접착이 된다. 백업재에는 두께가 있고, 같은 용도로 두께가 없는 것은 본드 브레이커로 구별하는 경우가 있다. 이음매의 깊이를 조정하는 경우에는 백업재를, 깊이를 조정하지 않고 그대로 실을 치고 싶은 경우는 본드 브레이커를 사용한다. 다만, 양자의 용어가 혼동되어 사용되는 경우도 있다.

두께 O → 백업재
두께 X → 본드 브레이커

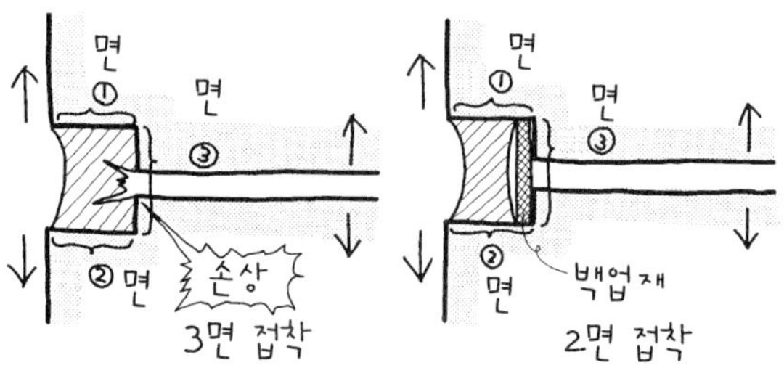

Q 철근의 피복두께는 (콘크리트 표면? 이음매 바닥?)에서 측정하고, 구조상 유효한 벽의 두께는 (콘크리트 표면? 이음매 바닥?)에서 측정한다.

▼

A 철근의 피복두께, 구조상 유효한 벽의 두께 모두 이음매 바닥에서 측정한다.

콘크리트 표면에서 철근 표면까지의 거리를 피복두께라 하고, 철근에 얼마나 콘크리트가 씌어져 있는가를 나타낸다. 피복두께 20이란 철근 위에 20mm 두께의 콘크리트가 씌어져 있는 것을 나타낸다.
이음매 부분은 홈으로 되어 있고 그 부분은 콘크리트가 없는 상태이다.
그래서 피복두께는 외벽측에 관해서 이음매 바닥에서 측정하지 않으면 안 된다. 구조계산에서 RC 벽의 두께가 20cm로 나와 있다고 한다. 이음매 부분은 홈이므로 구조적으로는 효과가 없다. 이음매 바닥에서 반대측까지의 두께가 구조상 유효한 두께가 된다.
요컨대 이음매 깊이분의 콘크리트는 피복두께나 구조에서도 없는 것으로서 취급한다는 것이다. 그러면 안전한 설계가 가능하다.

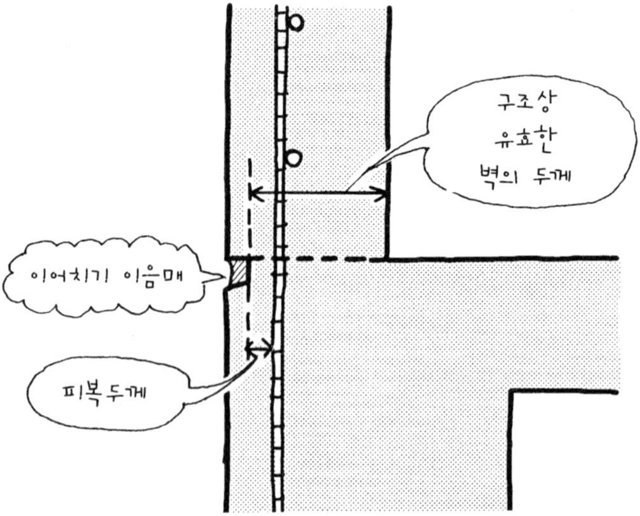

Q 콘크리트 증타란?

▼

A 이어치기 이음매 깊이분의 두께를 구조설계상 두께에 더해지는 것이다.

콘크리트를 증가해서 치는 것이지만 이음매의 깊이분을 증가해서 치는 것이 일반적이다. 이음매의 깊이는 2cm(20mm) 정도이므로 증타도 똑같이 2cm로 한다. 증타는 일체로 하기 위한 본체의 콘크리트와 함께 친다. 증타만 뒤에 칠 수는 없다. 콘크리트 증타를 하면 구조상 두께를 지지한 채 이어치기 이음매를 만드는 것이 가능하다. 또 철근의 피복두께도 이음매를 한 것 이외의 벽에서는 규정보다도 크게 된다.
콘크리트 증타를 하는 것에 의해 설계강도 및 피복두께를 안전하게 만들 수 있다. 콘크리트 증타 부분은 도면에서 파선으로 표시한다.
기존의 콘크리트에 삽입근 등을 사용하여 새로운 콘크리트를 '증가해서 치는' 경우도 증타라고 하는 경우가 있다. 내진보강이나 증축 같은 경우이다.

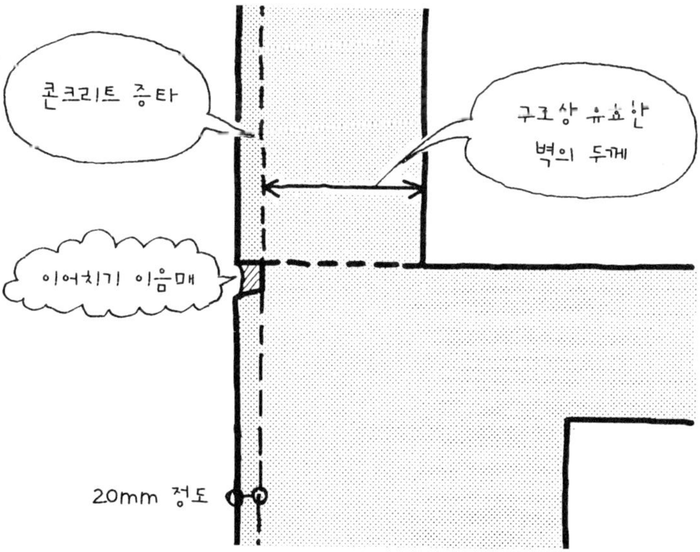

Q 콘크리트 제물마감면에 있는 동그란 마크는 뭘까?

▼

A P콘을 뺀 흔적이다.

P콘이란 플라스틱 콘(Plastic Cone, 플라스틱제 원추)의 약자로 거푸집을 지지하기 위한 도구이다. 예전에는 목재였기 때문에 목콘이라고 불렸지만, P콘에는 다양한 제품이 있다.

생콘크리트가 굳어서 거푸집을 벗겼을 때 콘크리트 면에는 P콘이 매립된 채이므로(①) P콘을 돌려서 뺀다. 돌리기 쉽도록 P콘 안에는 육각형의 금속부품이 붙어 있는 것도 있다.

P콘을 빼면 콘크리트에 원통모양의 구멍이 생긴다(②). 그 구멍 안에는 P콘이 박혀 있던 볼트가 보인다. P콘에는 이 볼트에 끼우기 위한 암나사가 아랫부분에 새겨져 있다.

구멍을 그대로 두면 안에 있던 볼트가 녹이 슬거나 내부에 물이 침투하기 쉽다. 따라서 무수축 모르타르 등을 원통형 구멍 속에 충전한다(③). 이렇게 해서 생긴 것이 콘크리트 제물마감면에서 자주 볼 수 있는 동그란 마크이다.

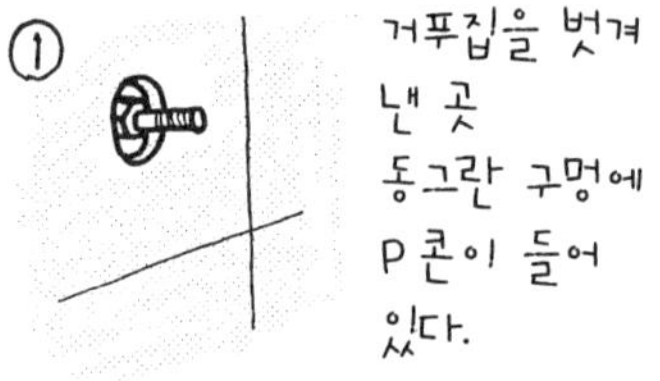

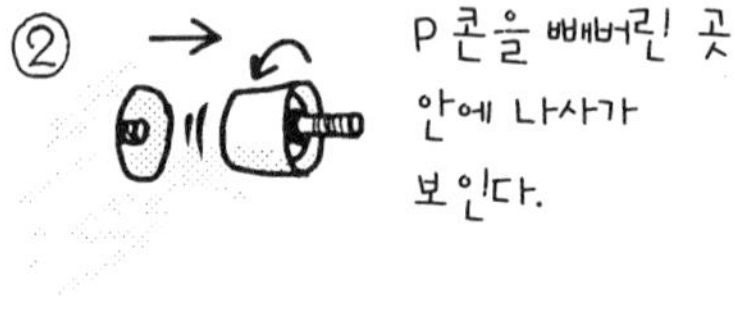

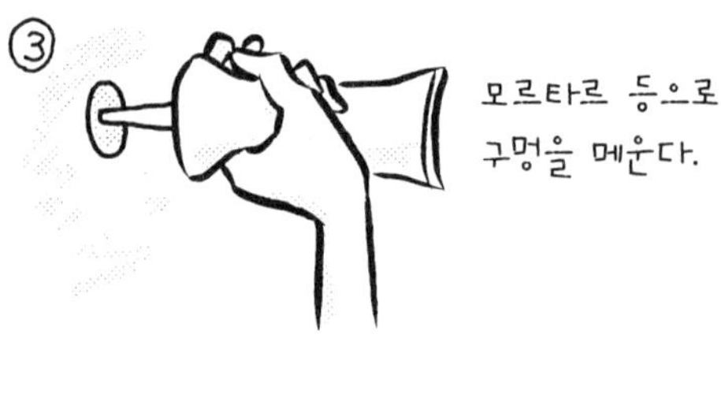

Q P콘의 나사 모양은 어떻게 되어 있나?

▼

A 콘크리트 쪽이 암나사, 반대쪽이 수나사로 되어 있다.

콘크리트 내부에 매립되어 있는 스페이서라는 금속기구를 고정시키기 위하여 콘크리트 쪽은 암나사 모양을 하고 있다.
거푸집을 벗겨 P콘을 잡으면 내부에 매립된 스페이서 나사가 모습을 나타낸다. 그대로 두면 녹슬어버리므로 모르타르 등으로 P콘 구멍을 막게 된다. 그것이 제물 마감 콘크리트 특유의 동그란 마크로 되는 것이다.
암나사의 반대쪽은 수나사가 붙어 있고, 폼 타이라는 금속부품을 틀어박기 위한 나사이다. P콘과 폼 타이로 합판을 끼우고 움직이지 않도록 하고 더욱 폼 타이 끝의 금속물질로 철파이프 등에 고정시킨다.
이렇게 P콘은 암수 나사가 양쪽에 붙어 있다.
단순한 기구치고는 여러 가지를 이용하고 있다.

Q 세퍼레이터는 무엇에 사용하나?

▼

A 합판 사이의 간격을 유지하기 위하여 사용한다.

세퍼레이트(Separate)는 분리한다는 의미이다. 세퍼레이터(Separator)란 분리하기 위한 기구로 합판 사이를 떼고 가까이 가지 않도록 하는 기구이다. 우선 세퍼레이터로 벽두께 등을 설정한다. 세퍼레이터 끝부분은 나사로 되어 있으므로 미세한 조정이 가능하다(①). 이것으로 합판의 간격을 설정한다. 생콘크리트를 합판 사이에 치기 위함이므로 확실하게 간격을 지지할 필요가 있다. 세퍼레이터로 간격을 결정하면 양쪽에 P콘을 돌려 넣는다(②). 세퍼레이터만으로는 콘크리트가 굳은 후에 콘크리트 표면에 금속물질이 나오게 된다. P콘처럼 나중에 빼낼 기구가 아무래도 필요하게 된다. P콘을 고정시키면 다음은 P콘의 수나사에 합판 구멍을 맞춰 양쪽으로 합판을 밀어 붙인다(③). 이렇게 하여 합판의 간격이 지지될 수 있게 된다. 이것만으로 합판은 P콘에서 빠지게 되므로 폼 타이를 바깥쪽에서 돌려 박아 움직이지 않도록 한다. 실제 현장에서는 한쪽의 합판에 세퍼레이터와 P콘을 폼 타이를 사용해서 먼저 고정시킨다. 합판에서 세퍼레이터와 P콘이 튀어나온 것 같은 형태이다. 그 후에 철근을 짜고, 다 짜면 이제 한쪽의 합판을 폼 타이로 고정한다. 아래 그림은 합판이 지탱하는 방법을 알기 쉽게 나타낸 것이다.

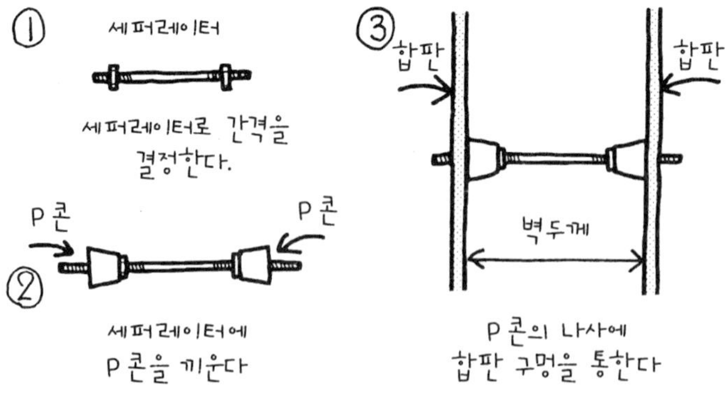

Q 폼 타이는 무엇에 사용하나?

▼

A 세퍼레이터와 P콘을 바깥쪽에서 단단히 죄어 거푸집을 단단히 고정하기 위하여 사용한다.

폼 타이란 거푸집(Form)을 묶는(Tie) 도구이다. 거푸집이란 광의로는 금속 물질이나 지주 모두를 포함한 생콘크리트를 흘려 넣기 위한 틀이지만 폼 타이에서의 폼=거푸집은 좁은 의미로 합판과 각재로 생긴 틀 그 자체를 말한다. 그 틀을 단단히 죄어 단단하게 하기 위한 금속 부품을 폼 타이라고 한다. 세퍼레이터와 P콘은 합판의 안쪽에 설치하고 합판 바깥쪽에서 폼 타이로 단단히 죄어 고정시킨다. 그 사이에 철파이프 2개를 사이에 끼우고 보강하는 것이 일반적이다. 철파이프는 2개씩 페어로 하여 가로로 넣고 폼 타이 금속 부품을 걸어 볼트로 맨다. 철파이프는 단관 또는 단관 파이프라고 불리고 정확하게는 강철로 만들어져 있다. 표면은 아연도금되어 있고 거푸집 보강이나 발판 등의 가설에 사용되고 있다. 합판만으로는 약하기 때문에 각재로 보강하지만 그 각재는 세로로 넣는 것이 일반적이다. 거푸집을 보강하는 각재는 버터 또는 비디각이라고 한다. 이에 의해 합판, 각재, 철파이프가 일체화되어 생콘크리트의 무게가 바깥쪽으로 거푸집이 불룩하게 되는 것을 막아준다. 생콘크리트는 물의 2배 강한 무거움이 있으므로 이렇게 보강할 필요가 있는 것이다. 세퍼레이터+P콘+폼 타이로 1세트의 금속부품이다.

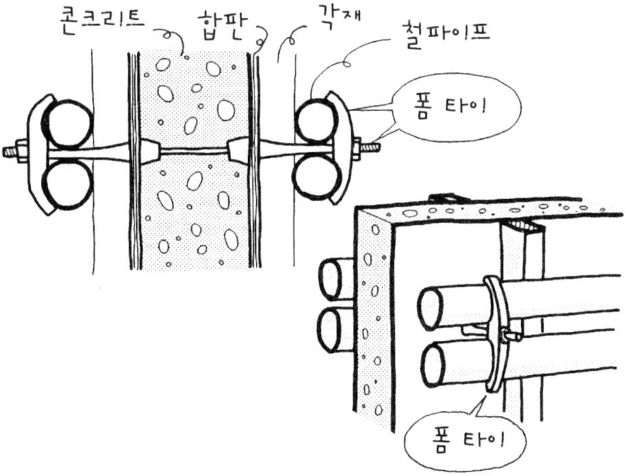

Q 세퍼레이터 등의 금속부품은 어느 정도의 피치로 넣나?

▼

A 60cm 이하로 한다.

부위나 두께에 따라서도 달라지지만 벽에 관해서는 아래 그림처럼 횡 45cm, 종 45cm 간격으로 넣는 것이 일반적이다. 45cm 각으로 되어 보기에도 깨끗하다. 금속부품의 간격을 너무 떨어뜨리면 합판이 생콘크리트 무게를 이겨내지 못하고 무너지게 된다. 60cm 각으로 넣는 경우도 있다. 정확하게는 구조계산이 필요하다.

합판의 크기는 90cm × 180cm 이다. 3자 × 6자이므로 서브로그판이라고도 불린다. 아래 그림처럼 45cm, 22.5cm 로 잘라 붙이면 깨끗하고 보기 좋게 들어간다. 이 방법으로 하면 합판 1장에 8개의 P콘의 흔적이 생기게 된다. 더욱이 각 부분의 수치, 코너나 기둥, 보, 이어치기 이음매 등에서 합판의 크기가 변형 버전이 되는 경우가 많다.

제물마감 콘크리트에서 만드는 경우, P콘의 위치가 일치하는 쪽이 깨끗하므로 설계단계에서 P콘의 위치를 검토한다. 보통 마무리를 하는 RC에서는 현장에서 합판이나 P콘을 잘라 붙이기를 정한다.

Q 콘크리트 속에 전선을 가설하려면?

▼

A 튜브를 매설해놓고 나중에 전선을 가설한다.

전선을 콘크리트 속에 그대로 매입하려고 하면 자갈 등에 걸려서 전선이 망가지게 된다. 또한 배관수리가 전혀 되지 않는다. 통상적으로 CD관이라 불리는 쉽게 구부러지는 수지제품인 튜브를 사전에 매립해 두고 콘크리트 완성 후 전선을 그 속에 가설한다. CD관의 CD는 Combined Duct의 약자로 '복합된 관' 이다. 합성수지제 매설가동전선관이라고도 한다. 가동이란 간단하게 변형하고 굽어진다는 의미이다. 콘센트나 스위치 위치에서는 아웃렛박스(밖으로 내는 상자)가 사용되고, 천장에서는 아래 그림처럼 비스듬하게 전선을 손쉽게 한 엔드커버가 사용된다. CD관 속에 전선을 가설하려면 피복된 철선을 우선 가설하고 거기에 전선을 묶어서 유도한다. 짧은 거리라면 전선만으로 가설해도 된다. 또 연실 앞에 휴지를 묶어 반대측에서 청소기로 빨아들이는 방법도 있다. 결국 전선보다 먼저 전선을 유도하기 위하여 튜브에 들어가는 선을 요비센(부르는 선)이라고 한다. 전선을 불러 넣는 선이라는 의미이다. 콘크리트 제물 마감에서는 천장의 조명도 매립전선으로 대응하지 않으면 안 된다. 전선을 돌리는 천장 속이 없기 때문이다. 콘크리트를 치기 전에 설비배관을 신중히 검토할 필요가 있다.

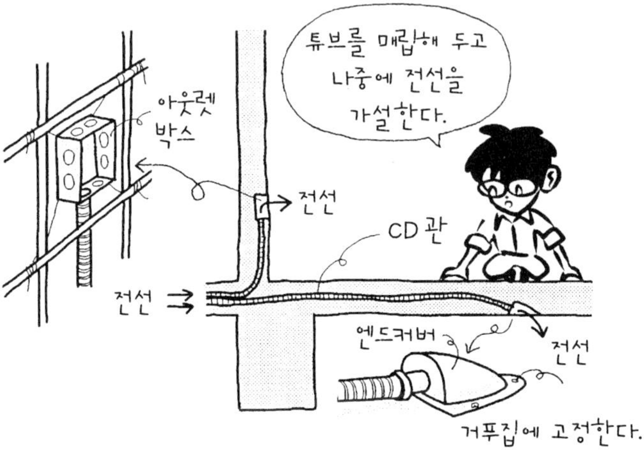

Q 전선관은 크게 분류해서 CD관과 PF관이 있는데 어떻게 다른가?

▼

A CD관은 콘크리트 매립 전용이다. 한편 PF관은 잘 타지 않으므로 노출하는 것도 가능하다.

PF관의 PF는 'Plastic Flexible Conduit'의 약자로 직역하면 '수지제의 유연한 관'이 된다. PF관은 잘 타지 않으므로 콘크리트에 매립하지 않고도 사용할 수 있다. 벽에 노출시켜 설치하거나 천장 안에 돌리기도 가능하다.

CD관 → 잘 탄다 → 콘크리트 매립 전용
PF관 → 안 탄다 → 콘크리트 매립이나 노출도 가능

둘다 튜브의 표면이 울룩불룩하고 찌그러지지 않도록 만들어지고 있다. CD관을 콘크리트 표면 가까운 곳에 매립하면 콘크리트에 균열이 생기기 쉬우므로 가능하면 철근 안쪽 깊숙한 위치에 매립하도록 한다.
또 CD관은 매립 전용으로서 노출하는 것이 금지되어 있으므로 눈에 잘 띄는 오렌지색으로 사용하고 있으며, 이는 노출배관하는 실수를 방지하기 위함이다.

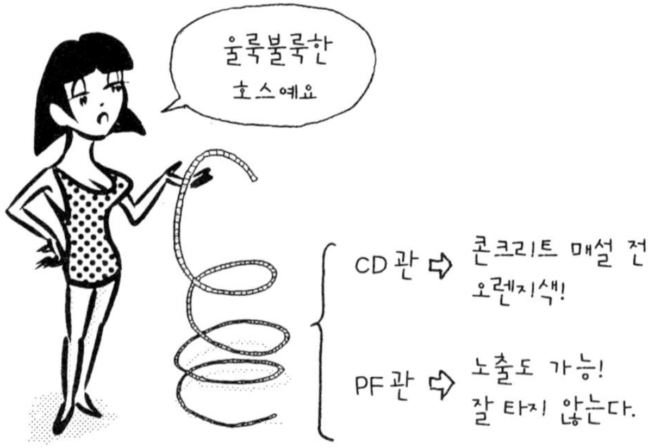

Q 바닥에 콘크리트를 칠 때 어떻게 평평하게 고르게 하나?

▼

A 돔보(잠자리)라는 T자형 흙손이나 금속제 흙손으로 평평하게 고른다.

돔보란 T자형을 한 커다란 목제 흙손이다(금속제도 있음). 그라운드를 정비하는 도구도 돔보라고 하는데 거의 같은 모양이다.
부어놓은 생콘크리트는 돔보를 사용해서 평평하게 고른다.
좁은 곳이나 보다 깔끔하게 수평으로 하고 싶은 곳에서는 금속제 흙손을 사용해서 고르기도 한다.
콘크리트 슬래브 위에 모르타르를 싣지 않고 직접 비닐의 얇은 시트를 붙여 마무리하는 경우도 있다. 통상적으로 3cm 정도의 모르타르(시멘트+모래)를 발라 깨끗하고 평평하게 하지만 콘크리트를 쳐넣는 것만으로 직접 마무리하는 곳도 있다. 일발(一發)마무리라고도 한다. 콘크리트 표면에 울퉁불퉁한 것이 있으면 직접 마무리를 깔 수 없게 되므로 돔보로 고른 후 금속제 흙손을 사용하여 깨끗하고 고르게 한다.
더욱이 건축에서 '돔보'는 여러 가지 의미에서 사용되고 있다. 석공이나 좌관의 도구, 도면의 표기 등에도 있고 어느 것이나 잠자리 같은 모양에서 온 것이다.

Q RC에서 목조처럼 물매지붕은 가능한가?

▼

A 가능하다.

목조처럼 물매지붕이 가능하다. 이 경우는 목조와 똑같이 지붕재료를 덮고 처마 끝에 물받이를 달지 않으면 안 된다. 물받이에 빗물이 잘 흐를 수 있도록 처마 끝의 상세한 부분(디테일)을 연구하는 것도 목조와 같다. 아래 그림처럼 지붕 슬래브를 크게 기울이면 보의 높이도 크게 변한다. 거푸집공사, 철근공사, 콘크리트공사는 평지붕과 비교하여 다소 어렵다. 빗물의 흐름은 평지붕에 비해 빨라지고 외벽 바깥쪽 물받이에서 빗물을 처리하게 된다. 파라펫으로 외벽 안쪽에 물을 모으는 평지붕에 비해 비가 샐 걱정은 줄어들고, 비가 잦은 일본에서는 물매지붕으로 하는 것도 한 방법이다. 옥상을 만들 수 없다는 단점이 있지만 비 마무리에 좋은 장점이 있다. 한랭지에서는 평평한 평지붕 위에 목조지붕을 가설하는 방법으로도 할 수 있다. 오키야네라고 불리는 방법이다. 지붕에 눈이 쌓이면 RC에서는 열을 빼앗겨 실내가 추워지기 쉽지만 목조지붕으로 하면 열은 빼앗기지 않고 더욱이 눈도 떨어지기 쉬워진다는 장점이 있다. 오키야네는 기존의 평지붕 건물로서 비가 새는 것을 막을 수 없는 경우에 이용한다. 지붕을 가설하여 지붕재를 깔면 비샐 우려는 없어지게 되고, 큰 건물에서는 철골로 짜는 경우도 있다.

Q 커다란 물매가 있는 바닥 슬래브(지붕 슬래브)에 생콘크리트를 흐르게 하려면?

▼

A 슬래브 두께 높이에 거푸집을 만들고 곳곳에 구멍을 뚫어서 생콘크리트를 흘려 넣는다.

슬래브에 커다란 물매가 있는 경우 평평한 슬래브를 칠 때처럼 간단하게는 안 된다. 생콘크리트 아래쪽으로 흘러들어 고임으로써 두께가 일정하지 않게 되기 때문이다. 이를 막으려면 덮개를 하는 수밖에 없다. 같은 두께로 콘크리트가 흐를 수 있도록 슬래브 두께 부분의 높이에 뚜껑을 만든다. 뚜껑에는 구멍을 뚫고 거기에 생콘크리트를 흘려 넣는다. 생콘크리트는 아래에서부터 메워가고 굳는 단계에서 거푸집을 벗기면 깨끗한 물매 슬래브가 나타난다. 물매가 길면 아래 방향까지 콘크리트가 흐르지 않을 위험도 있다. 이러한 경우는 물매의 이쪽저쪽에 구멍을 뚫고 아래 구멍에서 차례로 생콘크리트를 쳐나간다. 위 구멍으로 넣은 생콘크리트가 아래 구멍으로 비어져 나오는 경우에 굳어버리면 문제가 심각해지므로 바로 제거해야 한다. 계단을 칠 때도 같은 방법으로 한다. 계단 모양의 거푸집을 만들고 덮개를 만들어 위부터 생콘크리트를 흘려 넣는다. 이렇게 콘크리트 슬래브로 물매지붕을 만드는 경우는 수평 슬래브 정도로 간단하지 않고 현장관리도 복잡해진다.

Q 평평한 지붕을 무엇이라고 하나?

▼

A 평지붕(陸屋根)이라고 한다.

평지붕은 통상적으로 '로쿠야네' 라고 읽고, '리쿠야네' 라 하는 경우도 있다. 건축에서 陸(로쿠, 리쿠)은 수평이라는 의미에서 사용되고, '不陸' (후로쿠)이란 수평이 아니라는 것이다.

RC조나 S조의 건물에서는 평지붕이 일반적이다. 물매지붕보다도 간단하게 만들고 옥상으로도 사용할 수 있기 때문이다.

평지붕의 지붕면에는 1/100 정도의 물매가 붙어 있다. 1/100의 물매란 100 가면 1 내려가는 물매이다. 100cm에서 1cm 내리고, 1000cm(10m)에서는 10cm 내린다.

'로쿠데나시' 란 '리쿠데나시' 이고 '수평이 아니다' 가 원래의 의미이고, 여기서 쓸모없는 일을 말한다는 것처럼 되었다. 수평도 제대로 만들지 못하는 실력 없는 목수의 뜻으로 목수들 사이에서 업신여겨 일컫는 말로 사용되었다는 설명도 있다.

Q 평지붕의 물매(1/50~1/100)는 어떻게 만드나?

▼

A RC 구체(지붕 슬래브)에서 물매를 만드는 방법이 가장 좋다고 한다.

지붕 슬래브를 경사지게 하려면 지붕을 지탱하는 보의 높이도 변하지 않으면 안 된다. 또 슬래브를 만드는 거푸집, 배근도 경사지게 만들고, 이는 큰 일이므로 평평한 RC 지붕 슬래브 위에 모르타르(시멘트＋모래)를 나중에 겹쳐서 경사를 만드는 경우도 있다. 단, 모르타르에서 물매를 만드는 경우는 작은 지붕이나 베란다 등에 한한다.
경사진 RC 지붕 슬래브 위에 방수층을 깔고 절연피복을 바르고 그 위에 10cm 두께 정도의 경량 콘크리트를 친다.
경사 1/100란 100cm에 1cm 내려가는 기울기이다. 1,000cm(10m)가 되면 10cm 내려간다.

Q RC로 계단을 만드는 것은?

▼

A 경사 슬래브를 만들고 슬래브 윗면에 계단을 만든다.

아래 그림처럼 계단을 경사 슬래브로 생각하면 이해하기 쉽다.
보와 보 사이에 슬래브를 경사로 걸쳐 슬래브의 상면을 층계 모양의 계단으로 한다. 계단 슬래브를 지탱하는 것은 보이지만, 직선계단으로 작고 가벼운 계단은 벽에서 끌어낸 슬래브로도 만들 수 있다. 끌어낸 계단쪽이 보가 없어서 완성되었을 때 더 아름답게 보인다. 계단 슬래브 속의 철근은 복잡한 형태를 하고 있다. 경사로 넣어진 철근 외에 계단의 형상과 똑같은 지그재그 모양을 한 철근도 넣는다. 물론 그와 직교하는 방향에도 철근을 넣는다. 물매가 있는 슬래브를 칠 때는 덮개를 해두지 않으면 앞서 언급한 것처럼 생콘크리트가 분출하게 된다. 다만, 계단의 위에서 치면 도중에 생콘크리트가 막혀서 흐를 수 없게 되는 위험이 있으므로 계단의 곳곳에 구멍을 뚫어 아래 구멍부터 차례로 쳐나간다. 콘크리트 면을 모르타르로 깨끗하게 하고 단의 코 앞(단비)에 논슬립 타일(하수구에 있는 미끄럼 방지 타일)이나 논슬립 금속 물품을 붙이는 것이 가장 간단한 마무리 방법이다. 밟는 판 부분에만 쿠션제인 염화비닐 시트를 깔고, 타일을 붙이며, 돌을 붙이는 등의 마무리도 있다. RC조의 건물에 철골계단을 붙이는 경우도 있다.

Q 기둥이나 벽의 각을 직각인 채로 하지 않고 45도 경사로 자르거나 둥글린 모양으로 하는 이유는?

▼

A 각이 직각이면 생콘(생콘크리트)이 잘 돌지 않고 울퉁불퉁하게 남아 있거나(쟁커) 뭔가에 부딪쳤을 때 깨져서 떨어지거나 사람이 부딪쳤을 때 다치기 쉽기 때문이다.

각을 45도로 자르는 것을 면도리(모접기)라고 한다. '면을 따다' 라고도 한다. 모접기는 목조의 기둥에 쓰이는 것으로 면을 따는 방법에 따라 양식이 달라질 정도로 중요한 일이다. 모접기는 45도가 보통이지만 원호 모양으로 따는 경우도 있다. 환면이라든가 R가공이라고 불리는 경우도 있다. R이란 반경(Radius)에서 왔지만 건축에서는 자주 사용되는 말이다. 원호 모양의 형태로 할 때 R을 딴다 등이라고 표현한다. 직각은 핀각이라고도 불린다. 핀각에는 생콘이 돌기 어렵고 자갈이 표면에 나온 곰보 모양(쟁커)이 되는 경우가 있다. 이 경우는 나중에 모르타르로 보수하지만 제물 마감의 경우는 깨끗하게 마무리하는 것이 중요하다.

건축가는 디자인이 샤프한 핀각을 선호하는 경향이 있지만 용도 및 장소를 고려하여 선택해야 할 것이다.

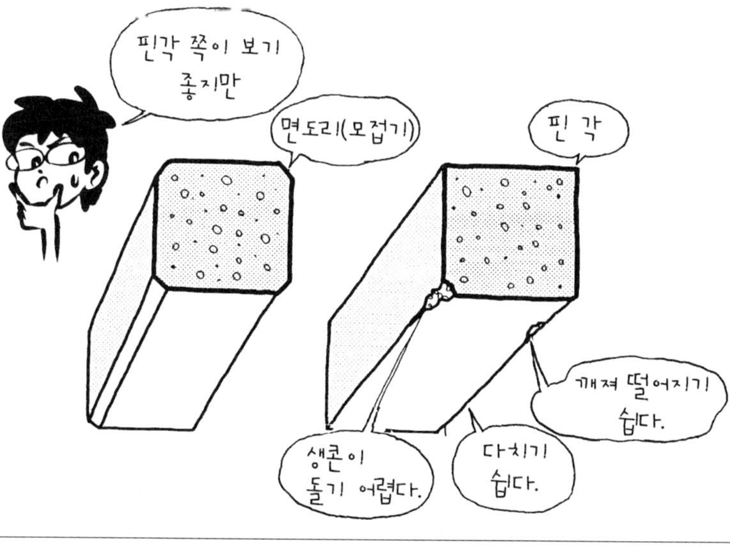

Q 1. 면을 만들기 위하여 거푸집에 설치하는 막대를 무엇이라고 하나?
2. 줄눈을 만들기 위하여 거푸집에 설치하는 막대를 무엇이라고 하나?

▼

A 1. 면목(面木)이라고 한다.
2. 줄눈대라고 한다.

거푸집의 코너 부분에 면목을 설치하고, 생콘을 쳐넣는다. 생콘이 굳어서 거푸집을 벗기면 면이 생긴다는 구조이다. 면목은 문자 그대로 나무로 만들 수 있는 것도 있지만 합성수지재인 기제품도 판매되고 있다.
줄눈도 마찬가지로 줄눈대를 거푸집에 넣어 두고 만든다. 이어치기 줄눈의 경우는 슬래브 단에 줄눈대를 넣어둔다. 줄눈대도 목재와 합성수지재인 기제품이 있다.

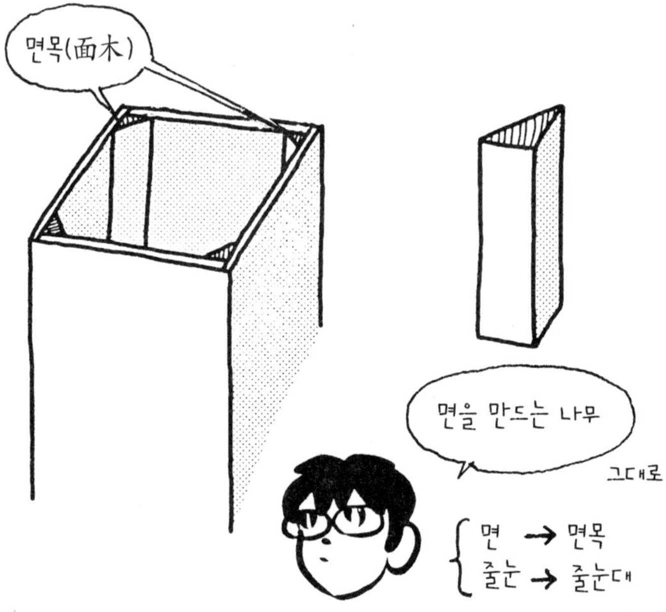

Q 콜드 조인트란?

▼

A 먼저 친 콘크리트의 경화가 진행된 후 나중에 콘크리트를 칠 때 생기는 완전히 일체로 되지 않는 이음매이다.

벽에 힘줄 모양이 생기므로 눈으로도 확인할 수 있다. 구조적으로 문제가 되고 물이 스며들기 쉬운 심각한 것에서 약간 나중에 친 것으로 거의 일체화된 것까지 여러 가지 콜드 조인트(Cold Joint)가 있다. 방의 벽을 칠 때는 1개 장소의 벽을 한 번에 아래에서 위까지 치는 것이 아니라 방 벽의 사방을 돌면서 아래에서 위로 서서히 쳐나가는 것이다. 이 사이에 너무 오랜 시간을 두면 먼저 친 콘크리트가 굳어버려서 나중에 친 콘크리트와의 사이에 콜드 조인트가 발생하게 된다. 그렇다면 한 면에 아래에서 위까지 한 번에 치는 것이 좋은가 하면 거푸집에 걸리는 중량(측압)이 커지게 되고 거푸집이 변형되기 쉬운 결점 등이 있다. 따라서 돌면서 치는 돌려치기가 일반적으로 이용되고 있다.

콜드 조인트를 막기 위해서는 바이브레이터를 넣거나 장대로 찌르거나 거푸집을 나무망치로 두드린다. 필자도 학생 때 거푸집을 나무망치로 두드리는 일을 해보기도 했다. 1999년 山陽 신칸센 터널사고는 콜드 조인트 부분에 열차의 진동과 풍압이 더해져 낙하한 것으로 여겨지고, 콘크리트 모래의 품질도 좋지 않는 등 복합적 요인에 의한 사고로 여겨진다.

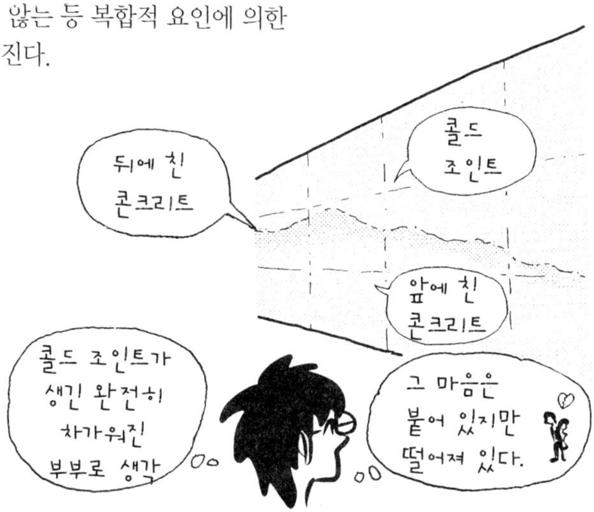

Q 쟁커란?

▼

A 콘크리트 표면에 자갈이 나와 곰보 모양으로 되는 것이다.

'쟁커' 는 '콩과자', '곰보', '스' 라고도 불린다. 마치 천둥이 칠 것 같은 표면이다. 콘크리트가 일체화되지 않고 시멘트 페이스트(시멘트＋물)와 자갈이 분리되어 표면에 자갈이 나온 상태를 말한다. 생콘 타설 시에 충분히 단단하게 개어지지 않은 경우, 거푸집 형상이 복잡하여 생콘이 잘 돌지 않은 경우, 거푸집의 틈새에서 시멘트 페이스트가 새어나와 자갈이나 모래만 남는 경우 등에 발생한다. 작은 쟁커의 경우는 모르타르로 보수한다. 크고 깊은 쟁커는 구조적인 결함이 되므로 쟁커 전체를 조금씩 깎아내어 나중에 무수축 모르타르를 채우기도 한다. 무수축 모르타르란, 모르타르에 약제를 넣고 건조시 수축을 막는 제품이다. 쟁커를 막기 위해서는 모르타르와 자갈이 분리되지 않도록 하고, 개구부 주변에서는 충분히 단단하게 개어두고, 거푸집에서 새는 것을 방지하는 등의 대책이 필요하다.

Q 에플로렌센스(백화)?

▼

A 콘크리트나 돌의 표면에 하얀 결정이 생기는 것이다.

콘크리트 내부의 산화칼슘(CaO)이 물과 반응하여 수산화칼슘($Ca(OH)_2$, 탄산칼슘($CaCO_3$) 등으로 되어 하얀 가루가 되어 나오는 것을 말한다. 칼슘화합물이 주인 하얀 가루로서 표면이 하얗게 더러워져 보인다. 에플로렌센스(Efflorescence)는 '백화', '유리석회' 등으로 불리기도 한다. 에플로렌센스는 개화, 결정 등이 원뜻이다. 백화는 하얀 꽃에서 나오지만 실제 에플로렌센스는 그다지 깨끗한 것이 아니다. 석회란 넓은 의미에서는 칼슘이나 칼슘화합물, 좁은 의미에서는 산화칼슘(생석회), 수산화칼슘(소석회) 등을 가리킨다. 여기에 유리석회란 칼슘 또는 칼슘의 화합물이란 의미이다. 실제 에플로렌센스에는 칼슘화합물 이외의 물질도 포함되어 있지만 대략 유리석회라 한다. 에플로렌센스는 구조적인 문제가 아닌 경우도 있지만 미관상 많은 문제가 되기도 한다. 따라서 솔을 사용하여 물로 닦아서 지우기도 하고, 백화방지제를 도포하는 일도 있다. 또 물이 들어가지 않도록 표면을 도장하는 경우도 효과가 있다. 콜드 조인트나 균열 때문에 물이 스며들어 콘크리트 속의 성분이 물과 함께 용출하고 표면에서 물이 증발해서 결정되는 경우도 있다. 이 경우는 균열을 방지하는 등의 보수가 필요하다.

Q 레이턴스란?

▼

A 생콘이 굳을 때 떠오르는 불순물이다.

레이턴스(Laitance)는 회백색의 우둘투둘한 얇은 층이다. 냄비의 잿물에 비유된다. 생콘이 굳을 때 부분적으로 물이 떠오른다. 물이 생콘 속에서 떠오르는 것은 브리핑이라고 불리는 현상이다. 그 물과 함께 미세한 불순물도 떠올라와 표면에 잿물처럼 나온다. 이 불순물은 석회가루 등으로 에플로렌센스와 마찬가지 원리로 석출한다. 에플로렌센스가 생콘이 굳은 후에 서서히 석출하는 것에 비해 레이턴스는 생콘을 칠 때 석출한다.

레이턴스 → 생콘이 굳을 때 석출
에플로렌센스 → 굳은 콘크리트에서 서서히 석출

레이턴스가 콘크리트 표면에 있으면 그 위에 콘크리트를 이어치기할 때 콘크리트가 일체화되지 않는 위험성이 있다. 레이턴스층이 일체화를 방해하기 때문이다. 콘크리트 이어치기 면의 레이턴스는 와이어 브러시, 샌더, 고압세정 등으로 제거할 필요가 있다. 콘크리트 면을 도장하는 경우도 레이턴스를 제거한다. 레이턴스를 제거하지 않고 도장하면 도막이 벗겨지게 된다.

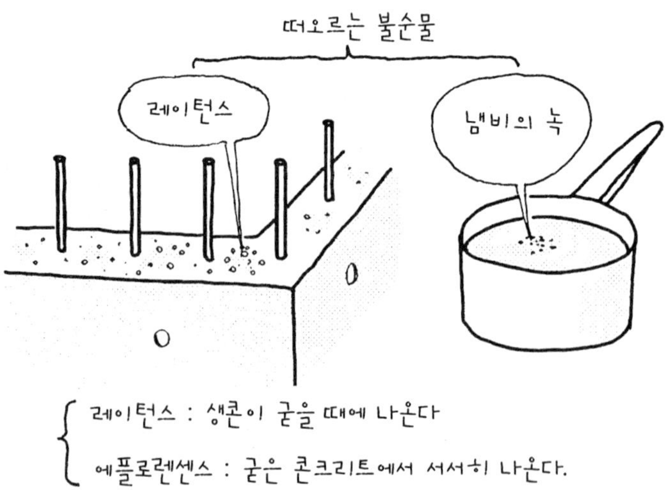

Q 앵커란?

▼

A 배의 앵커(Anchor, 닻)처럼 어떤 것을 어떤 것에 단단히 고정시키는 것이다.

앵커 볼트란 단단히 세워 고정하기 위한 볼트이다. 목조의 토대를 콘크리트 기초에 세울 때 앵커 볼트를 사용한다. 앵커 볼트는 기초콘크리트를 쳐 넣기 전에 거푸집에 넣어 두고 콘크리트와 일체화시킨다. 그 앵커 볼트를 토대 구멍을 통해 너트로 위에서 단단히 죄면 토대는 기초에 앵커된다.
철골의 기둥을 기초에 세우는 경우도 앵커 볼트를 사용한다. 가장 커다란 스케일에서는 건물 전체를 절벽에서 떨어지지 않도록 절벽의 반대쪽 지반에 앵커하는 경우도 있다.
앵커는 건축에서 자주 사용되는 용어로 여기에서 기억해두자.

Q 케미컬 앵커란?

▼

A 철근이나 볼트를 나중에 콘크리트에 매립하는(앵커하는)데 화학적 작용을 이용해서 접착하는 앵커이다.

케미컬 앵커(Chemical Anchor)는 직역하면 '화학적인 닻' 이 된다. 콘크리트에 구멍을 뚫고 철근을 삽입하는 것만으로는 바로 빠져버린다. 따라서 경화한 콘크리트와 철근이 일체화되도록 접착제를 구멍에 넣는 것이다.
케미컬 앵커는 각종 제품이 개발되고 있다. 보통은 캡슐에 약제가 들어 있어 볼트 및 철근으로 눌러서 캡슐을 깨트려 휘저어 약품을 화학반응으로 경화시킨다. 공사 순서는 아래 그림처럼 우선 드릴로 구멍을 뚫고 안을 청소한다. 그리고 철근으로 넣고 뒤섞는다. 그 후 일정시간 방치하면 굳어서 콘크리트와 일체화한다. 내진보강으로 나중에 콘크리트를 증타하는 경우나 기존의 RC에 증축하는 경우, 앵커 볼트를 설치해서 새롭게 철골구조를 증설하는 경우 등 많은 경우에 케미컬 앵커는 등장한다.

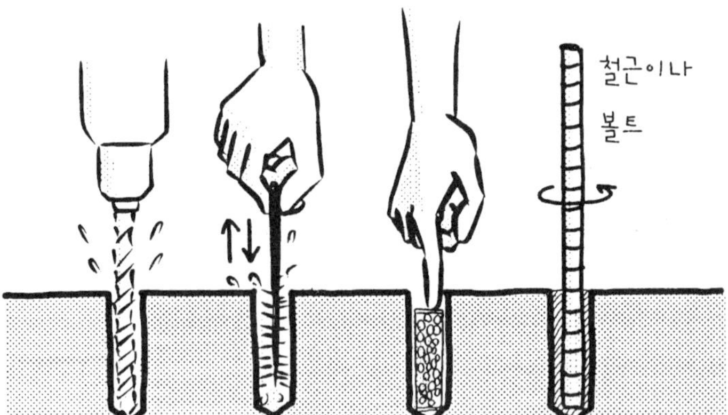

Q 홀인 앵커란?

▼

A 머리를 두드려서 안을 넓히고 콘크리트에서 빠지지 않게 하는 앵커 부품이다.

홀인 앵커(Hole in Anchor)는 직역하면 '구멍에 들어가는 닻'이다. 아래 그림처럼 콘크리트에 구멍을 뚫고 안을 청소한다. 그리고 홀인 앵커를 끼우고 앵커 머리를 두들기면 안이 열리고 콘크리트에서 빠지지 않게 된다. 즉 콘크리트에 앵커된 것이다. 머리 나사 부분은 너트로 단단히 죄는 것도 가능하고 간단한 금속 부품 등으로 설치하는 것도 편리하다. 단, 뽑아내는 것에 대한 힘은 약하고 삽입근이나 앵커 볼트 등의 구조에는 사용할 수 없다.

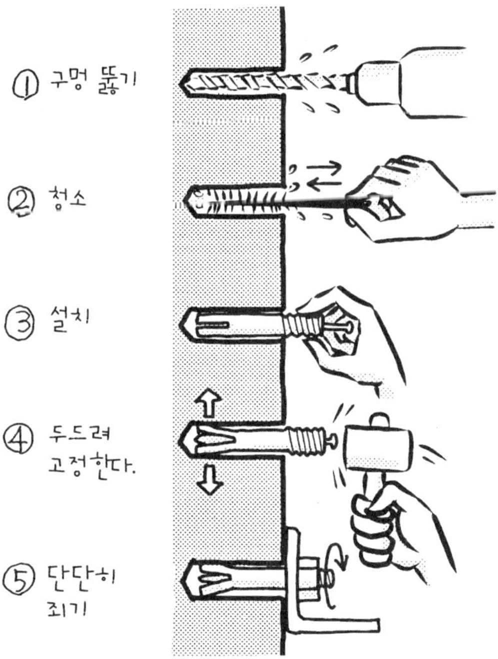

Q 콘크리트 플러그란?

▼

A **나사를 넣어 안을 넓히고 콘크리트에서 빠지지 않도록 하는 앵커부품이다.**

플러그(Plug)란 마개, 채우는 것, (전기에) 꽂는 등의 의미가 있다. 작은 부품으로 뭔가를 안에 넣고, 채우는 것이다.
콘크리트 플러그는 수지제나 금속제인 원통 모양의 부품으로 중앙에 구멍이 뚫려 있다. 그 구멍에 나사를 넣고 돌려 박으면 주변이 열리고 콘크리트에 앵커되는 구성이다. 나사의 종류와 나사 지름에 의해 다양한 콘크리트 플러그가 시판되고 있다. 콘크리트에 판을 고정한다, 훅을 고정한다, 난간을 고정한다 등의 가벼운 곳을 고정할 때 사용한다. 앵커 볼트 같은 구조에는 물론 사용하지 않는다. 플러그 앵커를 홀인 앵커와 혼동해서 사용하는 경우도 있다.
앵커는 구조강도 부분에서 다음처럼 정리할 수 있다.

케미컬 앵커 → 홀인 앵커 → 콘크리트 플러그

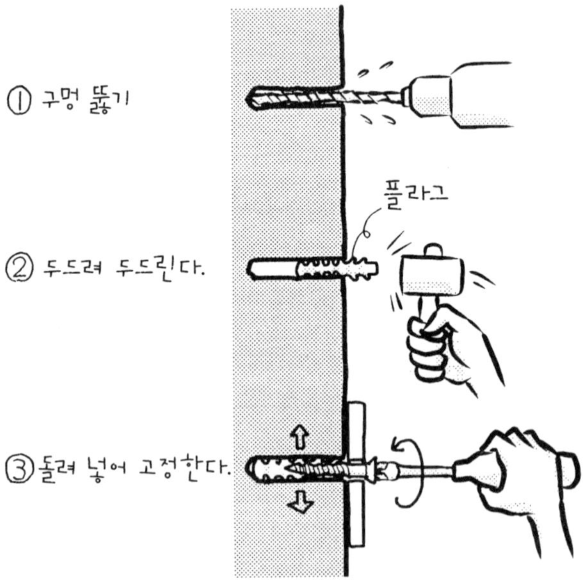

Q 콘크리트 못이란?

▼

A 콘크리트에 직접 박아 넣는 못으로 내장공사 등에 사용된다.

내장공사를 하는 경우 나무각재를 콘크리트 구체에 고정하는 일은 자주 있다. 예를 들면 마루를 깔 경우 일단 마루에 각재를 두고 그 위에 판을 깔고 바루재를 깐다. 이 방법이 마루가 유연해지기 때문이다.
이러한 경우 콘크리트못을 사용하면 편리하다.
일일이 드릴로 구멍을 뚫고 플러그를 매립할 필요 없이 쇠망치로 직접 두드려 박아 넣는다. 콘크리트의 단단함 못지않은 강한 콘크리트못이 만들어져 있다. 이렇게 커다란 내력이 불필요한 내장재를 고정시킬 때 콘크리트못이 사용된다.

Q 새시 앵커란?

▼

A **콘크리트 쪽에 매립된 새시 설치용 철근 등을 말한다.**

알루미늄 새시를 콘크리트에 설치하는 데는 목조처럼 나무나사로 기둥이나 사잇기둥에 설치할 수는 없다. 콘크리트에 새로운 철근 등을 매립하고 그것에 용접하여 설치한다. 아래 그림에서 이 새시 앵커로 되는 철근으로 9mm 철근(9ϕ) 등을 사용한다. 그리고 ②의 강제(鋼製) 플레이트에 용접한다. 새시와 구체와의 간격은 용접봉이 들어갈 정도로 뚫어둔다. 강제 플레이트는 새시 레일을 슬라이드하도록 되어 있어서 새시 앵커의 위치까지 움직이는 구조이다. 딱 들어맞는 위치를 새롭게 결정하는 것이 어렵기 때문에 슬라이드가 가능하도록 하는 것이다. ②의 강제 플레이트를 새시 앵커라고 하는 경우도 있다. 또 새시 앵커로 되는 철근은 보다 간단하게 거푸집에 설치할 수 있는 기제품도 있다. 새시가 고정되어 지면 새시와 구체의 틈 사이에는 모르타르(방수제가 들어간 방수 모르타르)를 충전한다. 새시와 구체 사이에 바깥쪽 물이 침투하는 부분에 실링재를 친다. 이 실링재는 실리콘계 실링재로 한다. 그리고 양쪽이 움직이므로 백업재를 넣어 2면 접촉으로 한다.

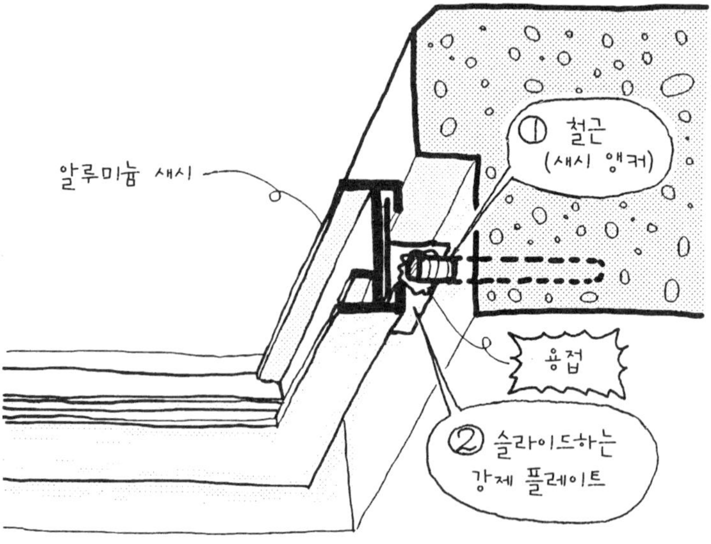

Q 인서트 금속 부품이란?

▼

A 콘크리트 속에 사전에 매립해 둔 암나사이다.

케미컬 앵커, 홀인 앵커 등은 나중에 붙여서 콘크리트에 매립한 것이다. 인서트 금속 부품은 거푸집 단계에서 넣어 두고 생콘을 쳐서 굳힌 콘크리트 속에 매립해버리는 금속 부품이다. 인서트(Insert)란 삽입한다, 넣는다는 의미이다. 인서트 금속 부품은 암나사로서 밖에서 수나사를 넣는(인서트한다)다는 의미에서 붙인 명칭이다. 인서트 금속 부품에는 강철 주물 등 여러 가지 제품이 있다. 이 경우 도면에는 주물 인서트 등이라고 쓴다. 주물이란 금속 등을 녹여서 틀(주형)에 넣어 만든 것이다. 천장을 붙이는 경우 우선 천장의 하지(下地)가 되는 강철제품 레일을 매달게 된다. 매달기 위한 9mm 지름 정도의 볼트(수나사)를 RC 바닥 슬래브에 고정시킬 필요가 있고 이것을 행거 볼트라고 한다. 행거 볼트 위치에 사전에 인서트 금속 부품을 매립해두는 것이다. 종횡 90cm 간격 정도로 매립해둔 인서트 금속 부품에 행거 볼트를 돌려 꼽아 그것에 천장 하지를 설치한다. 인서트 금속 부품은 이렇게 RC 바닥 슬래브 아래에 설치하는 일이 많은 금속 부품이다.

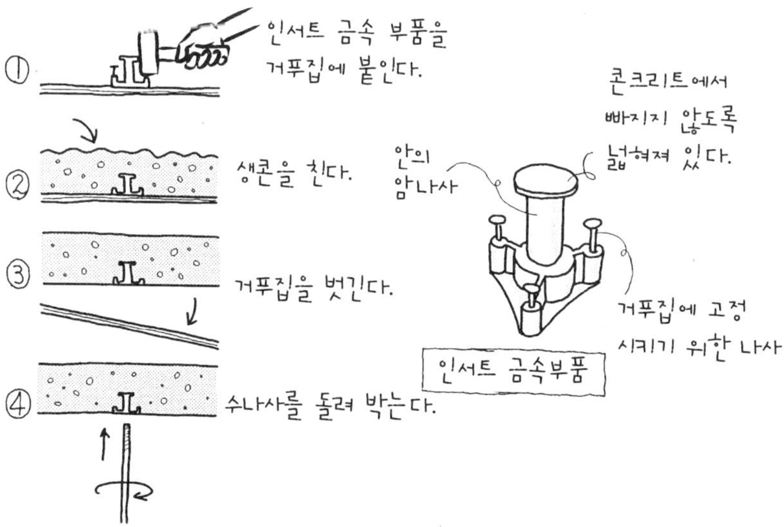

Q 상자형 인서트 금속 부품이란?

▼

A **콘크리트 속에 사전에 매립해둔 인서트 금속 부품의 일종으로 목재 달대를 고정시키기 위하여 사용한다.**

인서트하는 것은 볼트가 아니라 판상(板状)의 금속 부품이다. 그 금속 부품에 둔 구멍에서 못이나 나사를 박아 달대를 고정시킨다.
천장의 하지(반자틀대)를 목재로 하는 경우 이 상자형 인서트 금속 부품을 사용한다. 볼트로 목재 반자틀대를 매다는 경우도 가능하지만 목재 달대를 사용하는 것이 일반적이다.
상자 모양 부분은 판을 끼는(인서트 한다) 부분이다. 어느 정도 깊이가 없으면 판을 지탱할 수 없으므로 상자 모양의 형태로 된다.
상자모양 인서트 금속 부품은 역시 종횡 90cm 간격으로 넣는다. 달대도 90cm 간격으로 설치 가능하므로 목조 반자틀대와 같은 구조로 천장을 매달 수 있다.

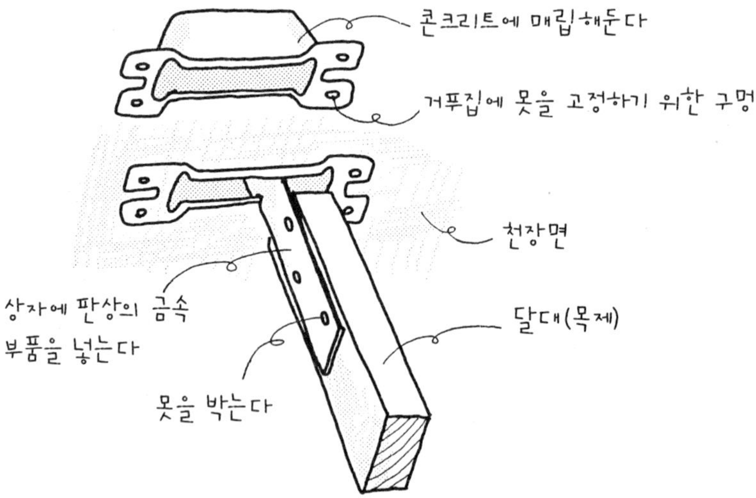

Q 외벽의 정상부분 평지붕에서 위로 돌출한 부분을 무엇이라고 하나?

▼

A 파라펫이라고 한다.

평지붕에 쌓인 먼지가 빗물에 외벽을 따라 떨어지면 외벽은 바로 새카맣게 된다. 더러움만이 아니라 빗물이 흐르면 벽은 부서지기 쉬워진다. 그래서 접시처럼 외벽 정상 부분을 지붕보다 조금 높게 하여 물이 외벽에 떨어지지 않도록 한다. 그것이 파라펫(Parapet)이다. 파라펫 상부의 파라펫 두께가 나온 부분도 평평하게 하면 외측에 물이 흐를 가능성이 있으므로 건물의 안쪽으로 향해서 경사지게 한다.(내구배)
평지붕은 전면을 방수하지만 그 방수층은 파라펫 부분으로 세우게 된다. 이 솟아오른 방수부분은 매우 중요한 부분이므로 대강 만들면 비가 세거나 건물이 빨리 퇴화하는 원인이 된다.

8 방수

Q 평지붕의 방수 방법은?

▼

A 아스팔트 방수, 시트 방수, 우레탄 도막방수 등이 있다.

아스팔트는 R044에서 말한 것처럼 원유에서 가솔린, 등유, 경유, 중유 등을 채취한 후 남은 가스이다. 기름이므로 물을 튕겨내는 성질이 있고 방수에 자주 사용된다. 아스팔트 방수는 아스팔트 시트를 깔고 거기에 열로 녹인 아스팔트를 바르고, 그 위에 아스팔트 시트를 까는 과정을 몇 번 정도 반복해서 방수층을 만든다. 옥상을 보행하는 경우는 아스팔트 방수층 위에 경량 콘크리트를 쳐서 보호층으로 하는 경우도 있다. 경량 콘크리트란 골재에 경석을 사용한 가벼운 콘크리트이다. 시트 방수는 합성수지로 만든 시트를 접착제로 평슬래브에 붙이는 방법이다. 시트나 접착제의 성능이 좋아 아스팔트 방수와 나란히 널리 사용되게 되었다. 우레탄 도막방수는 우레탄으로 만든 도료를 바르는 것으로서 방수층을 만든다. 반자틀대를 붙여 그 위에 우레탄을 바르고 거기에 오버코트라고 불리는 도료로 상부를 코팅한다. 그 외에 스테인리스 방수, FRP 방수 등 다양한 방수방법이 있다. 파라펫에서는 방수층이 솟아오르므로 거기에서 비가 새기 쉽다. 파라펫은 접시의 가장자리 부분에 해당한다. 지붕면의 빗물은 일단 가장자리에 거의 모이므로 가장자리 상태가 좋지 않으면 비가 바로 샌다. 따라서 방수공사에서 가장 신경 쓰는 장소이다.

Q 빗물을 모아서 홈통으로 흐르는 곳에 설치하는 배수구나 그 금속부품을 무엇이라고 하나?

▼

A 드레인, 루프 드레인이라고 한다.

드레인(Drain)은 평지붕에 구멍이 뚫려 있는 곳이다. 그 자리는 방수층이 드레인에 감겨 들어가도록 넣어져 빗물이 새지 않도록 배려하고 있다. 평지붕 상부에 쌓인 먼지나 쓰레기도 드레인에 모인다. 홈통이 쓰레기에 의해 막히지 않도록 드레인은 그물 모양의 금속 부품 캡으로 되어 있는 것이 일반적이다. 드레인 금속 부품에는 아래로 물을 바로 떨어트리는 타입, 옆으로 물을 내보내는 타입 등이 있고 홈통 위치에 따라 드레인 금속 부품을 선택할 필요가 있다.

[슈퍼기억술]
빗물을 내보내는 곳
레인 드

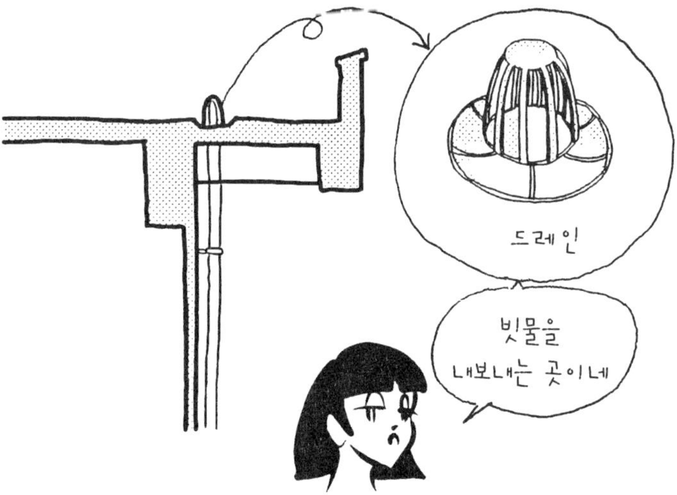

Q 파라펫 꼭대기 부분을 턱 모양으로 하는 이유는?

▼

A 방수층이 솟아오른 부분에 물이 침투하는 것을 방지하기 위함이다.

방수층이 솟아오른 부분은 여러 가지 방법으로 누르게 된다. 아스팔트 방수에서는 방수층이 솟아오른 부분에 벽돌을 쌓아 눌러 들뜨지 않도록 하는 경우가 있다. 이 경우 눌러놓은 부분과 방수층이 솟아오른 부분 모두 파라펫 턱을 씌운다. 턱을 씌우면 방수층과 콘크리트 구체 사이에 물이 침투하는 것을 방지할 수 있다. 또 누른 부분도 동시에 보호할 수 있다. 턱 밑에 가느다란 도랑을 만들지만 이것은 물이 돌지 않고 바로 떨어지도록 하기 위한 것으로서 물끊기라고 한다. 얼굴을 씻을 때 턱에서 물이 떨어지는데 그것은 턱이 뾰족해서 물끊기 역할을 하고 있기 때문이다. 시트 방수에서는 이렇게까지 과장된 턱을 만들지는 않는다. 시트를 자른 위에 긴 평판 스테인리스나 알루미늄 봉으로 눌러서 작은 나사로 고정시키는 방법이 많이 이용된다. 물론 턱을 만드는 쪽이 비샘 방지에 안정적이다.

Q 파라펫 꼭대기 부분은 어떤 마무리를 하나?

▼

A 스테인리스제 입목, 알루미늄제 입목, 돌붙이기, 타일붙이기, 모르타르 바르기, 콘크리트 위에 도장, 콘크리트 타방하기 등이다.

파라펫 꼭대기 부분은 방수층의 솟아오른 부분을 보호할 뿐만 아니라 외벽의 정상이라는 의미도 있다. 물에 강하고 더욱이 의장적으로 좋은 마무리가 이상적이다. 아래 그림처럼 금속의 입목을 씌우는 마무리가 방수상 가장 안심할 수 있다. 입목이란 베란다나 바깥계단의 난간 및 난간벽(요벽), 파라펫 상부 등에 설치하는 횡재(横材)이다. 목재가 아니어도 입목이라고 한다. 금속의 경우 스테인리스가 내구성, 강도 등이 가장 좋지만 비용이 많이 든다. 또 알루미늄제도 가능하고, 외관과 내구성에 조금만 신경을 덜 쓴다면 컬러철판으로도 입목을 만들 수 있다. 돌이나 타일을 붙이는 마무리도 있는데, 이 경우 돌이나 타일의 줄눈에 균열이 생겨서 빗물이 침투할 수도 있다. 모르타르에서 2~3cm 두께의 입목을 만드는 경우도 있지만 모르타르는 쉽게 균열이 생기므로 피하는 것이 좋다. 콘크리트 위에 도장만 하는 마무리도 있지만 콘크리트에 균열이 생기면 도막도 살라져 물이 침투하게 되고, 물론 도막에 탄성 있는 도료를 이용하는 방법도 있지만 완전한 해결책이 되지는 못한다. 콘크리트 제물마감은 아주 깨끗하게 칠 수 있지 않는 한 표면을 보수하게 되고 비가 스며들기 쉬우므로 기본적으로는 피해야 한다. 이러한 이유로 예산이 허락한다면 파라펫 꼭대기 부분에는 스테인리스제나 알루미늄제 입목을 설치하는 것이 최상이다.

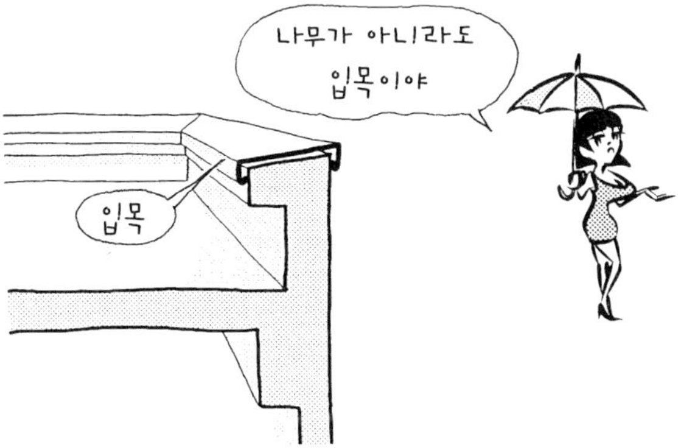

Q 벽이나 창의 청소 및 수리를 위하여 로프를 거는 금속 부품은 파라펫 어디에 설치하나?

▼

A 턱 앞에 붙인다.

로프를 거는 금속 부품은 '달쇠' 라든가 '둥근고리' 등으로 불린다.
금속 부품을 방수층의 솟아오른 부분에 붙이면 금속 부품의 설치 부분이 방수층을 관통하게 된다. 파라펫 꼭대기 부분은 입목을 상하게 하기 때문에 설치하는 위치는 파라펫 측면의 턱 앞이 가장 좋다.
금속 부품은 콘크리트와 일체가 되도록 30cm 정도의 내부에 넣고 빠지지 않도록 횡방향으로 길이 60cm 정도의 철근(또는 스테인리스근)을 2개 정도 용접해둔다. 비녀처럼 옆으로 튀어나온 모양이어서 비녀근이라고도 한다.
거푸집 단계에서 금속 부품을 놓아두고 콘크리트를 쳐 넣은 후에 굳힌다.
이러한 달쇠를 붙여 두면 유지 · 보수할 때 편리하다. 금속 부품이 없는 옥상은 로프를 묶는 곳이 없어서 힘들어진다.

Q 옥상이 있는 작은 건물에 엘리베이터나 계단만 들어 있는 것을 무엇이라고 하나?

▼

A 옥탑이라든가 펜트하우스라고 한다.

계단만이라면 계단실, 엘리베이터 기계실이 들어 있다면 승강기탑 등으로도 불린다. 승강기란 엘리베이터를 말한다.
펜트하우스는 고층에 옥상층이 있는 고급스런 주택을 가리키는 경우도 있다.
옥탑에는 옥상으로 통하는 출입구도 있으므로 방수를 생각할 필요가 있다. 문 아래가 옥상 바닥과 같은 높이라면 빗물이 옥탑 안으로 침투하므로 역시 방수층을 잘 세울 필요가 있다.
엘리베이터 기계실의 경우는 엘리베이터가 최상층에 멈췄을 때 그 위에 어느 정도의 여유도 필요하고 바닥 슬래브 위치도 생각해야 한다.
옥탑의 높이나 층수는 건축면적의 1/8 이하라면 카운트되지 않는다는 특전도 있고, 법률적으로도 특별 취급되는 부분이다.

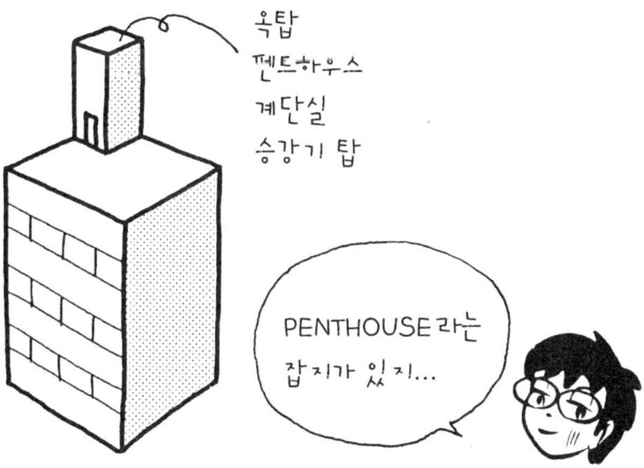

Q 옥탑 바닥레벨을 옥상보다 높게 하는 이유는?

▼

A 빗물 침투를 방지하는데 방수층이 올라갈 부분을 확보할 필요가 있기 때문이다.

옥탑과 옥상 바닥레벨(높이)이 같으면 방수층이 올라갈 부분이 없어진다. 아래 왼쪽 그림처럼 문을 열면 같은 레벨에서 옥상과 옥탑 바닥이 연결되는 경우 문을 열지 않아도 빗물이 침투하게 된다.
따라서 아래 오른쪽 그림처럼 옥탑 바닥을 50cm 정도 올리고 방수층이 세워질 치수를 잡을 수 있다. 이렇게 되면 접시 가장자리와 같이 비는 옥탑측에 흘러들어가지 않는다. 요컨대 파라펫과 같이 옥탑벽에도 할 필요가 있다는 것이다. 옥탑 계단을 올린 부분, 계단을 1단이나 2단 만들어야 하고, 그 계단은 방수층 위에 두는 형태로 한다.

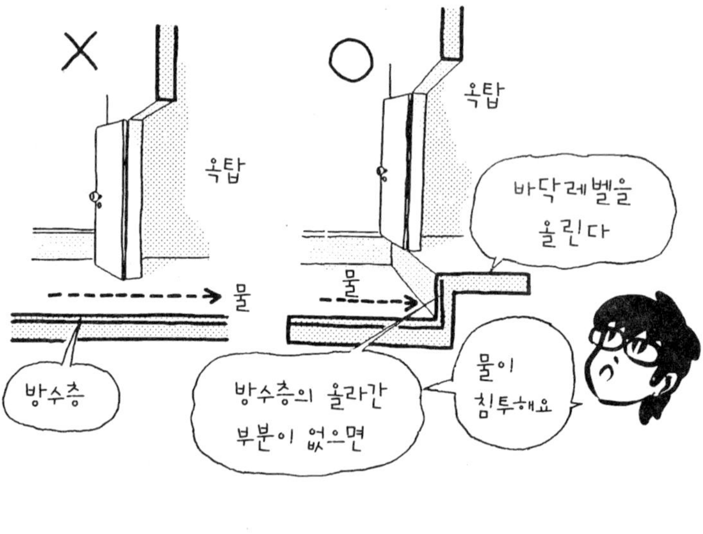

Q 옥상 방수층이 올라간 부분을 만들기 위하여 옥탑의 옥상측 벽이나 문의 출입구 밑에 턱을 만들 필요는 있나?

▼

A 가능하면 턱을 만들고 방수층의 올라간 부분을 만드는 것이 비교적 좋다.

턱을 만들지 않고 간편하게 방수층이 올라간 부분을 만드는 방법도 있다. 그러나 빗물의 침투를 고려한다면 턱에서 올라간 부분 전체를 덮는 것이 안전하다. 옥탑의 바닥 하부벽 부분에서 턱을 내고 그 위에 올라간 부분을 만든다. 출입문 부분에 턱을 만들면 사람의 출입이 다소 불편해진다. 턱의 윗부분에 논슬립 타일(미끄럼 방지 타일)을 까는 방법으로 해소할 수 있다. 옥탑은 옥상보다도 50cm 정도 바닥이 올라가 있으므로 아래 그림처럼 단을 하나 만들면 출입하기가 쉬워진다. 그 단은 방수층 위에 눌러주는 콘크리트를 친 후 만들도록 하고, 그 단에도 논슬립 타일 등을 붙인다.

Q 방수층 위에 경량 콘크리트를 치는 이유는?

▼

A 방수층이 말려 올라가지 않도록 눌러주는 일, 발에 밟히거나 태양광, 비바람 등으로 상하지 않도록 보호하는 일이 2가지 이유에 의한 것이다.

대형 지붕이나 옥상 방수에서는 방수층 위에 경량 콘크리트를 10cm 정도 치는 일이 자주 있다. 위에서 눌러주도록 치는 콘크리트로서 누름콘크리트라고 불린다.

태풍 등의 강풍으로 말려 올라가거나 방수층 자체가 요동치거나 내부 수증기의 팽창에 의해 들려 올라가는 것을 위에서 눌러주는 역할을 한다. 또 사람이 이용하는 옥상 등에서는 보행에 의해 방수층이 상하지 않도록 하거나 태양광선이나 비바람에 의한 열화를 방지하는 역할도 한다. 크게는 눌러주기 위함과 보호하기 위함 2가지이다.

경량 콘크리트는 보통 자갈 대신 경석이나 인공 경량골재(석탄이 타고 남은 재로 만듦)를 넣은 가벼운 콘크리트이다. 보통 콘크리트에 비해 무게는 약 반 정도 가볍기 때문에 눌러주는 콘크리트로 자주 사용된다. 통상적으로 경량 콘크리트 자체에 구조적인 강도를 가지게 하는 것은 안 된다.

Q 누름 콘크리트에 균열이 생기지 않도록 하는 것은?

▼

A 용접 금속 부품을 넣고 신축줄눈을 취한다.

용접 금속 부품이란 직경 6mm(6ϕ) 정도의 철근을 종횡 10cm 간격(@100) 정도로 용접한 것이나. 기호로는 「6ϕ @100」이라고 쓴다. 철근의 망과 함께 콘크리트를 치면 철근이 종횡으로 끌어당기는 힘을 발휘하므로 균열이 생기지 않는다. 신축줄눈이란 콘크리트에 3m 정도마다 3cm 폭 정도의 줄눈을 잘라 넣어 콘크리트가 이어지지 않도록 한 것이다. 콘크리트가 태양열 등으로 팽창 · 수축을 반복하면 균열의 원인이 된다. 그 '신축'의 힘을 놓아주는 '줄눈'이므로 신축줄눈으로 불린다. 줄눈에는 아스팔트제 등의 줄눈제를 충전한다. 줄눈은 아래 방수층까지 도달시켜 콘크리트가 이어지지 않도록 한다. 방수층 위에 누르는 콘크리트를 직접 치면 콘크리트가 움직일 때 방수층도 따라 움직여 방수층이 파손될 위험이 있다. 그래서 절연피복을 1장 깔고 그 위에 누르는 콘크리트를 치도록 한다.

Q 아스팔트 방수 단열공법이란?

▼

A 아스팔트 방수층 위에 단열재를 까는 공법이다.

단열재를 RC 지붕 슬래브 위에 깔면 RC 지붕 슬래브가 뜨거워졌다 차가워졌다를 반복하지 않게 된다. 다시 말하면 팽창 · 수축이 없어지게 되고 RC 지붕 슬래브에 균열도 생기지 않는다. 실내를 난방하면 단열재는 슬래브 위에 있으므로 실내와 슬래브 자체도 따뜻해진다. 콘크리트는 질량이 매우 크므로 열을 축적하는 열용량이 커서 쉽게 따뜻해지기는 어렵지만 한번 따뜻해지면 좀처럼 식지 않는다. 이것은 일반적으로 단열재라는 방법으로 코트(이불)를 건물 외부에 씌우는 일이다. 열용량이 큰 RC 부분을 실내측으로 함에 따라 온도변화가 적어 쾌적한 열환경이 실현된다. 또 RC 자체의 팽창 · 수축도 없어지므로 RC의 내구성도 좋아진다. 단열재에는 두께 3cm 정도의 폴리스틸렌 폼 등이 사용된다. 발포 스티롤처럼 기포가 많고 기포 안에 열전달이 어려운 가스가 넣어져 있다. 이전에는 단열재 위에 방수층을 깔았지만 누르는 콘크리트의 무게로 단열재가 찌부러지고 방수층도 함께 내려앉아 방수층의 올라간 부분에서는 방수층이 깨지는 트러블이 많이 발생했다. 이에 대처하기 위하여 RC 슬래브 바로 위에 방수층을 깔게 되었다.
순서로는 RC 지붕 슬래브 → 방수층 → 단열재 → 절연피복 → 누름 콘크리트로 된다.

Q 평지붕 옥상난간은 어디에 설치하나?

▼

A 아래 그림처럼 파라펫 입목, 파라펫 턱, 누르는 콘크리트 위의 기초에 설치한다. 가장 바람직한 것은 기초를 만들어서 붙이는 방법이다.

난간을 지탱하는 기둥을 데스리코라고 한다. 이 데스리코를 어디에 설치하는 것이 좋은지가 의외의 문제가 된다. 즉 방수층을 관통해서 달 수도 없고 달았다 하더라도 쉽게 무너질 것처럼 위험하다. 누르는 콘크리트 위에 20cm 정도의 기초를 쳐서 거기에 다는 것이 가장 바람직한 방법이다. 누르는 콘크리트가 완성된 후에 철근만 내어 놓고 높이가 20cm 정도의 기초 상자를 콘크리트로 만든다. 그 기초 상자에 데스리코를 매립하는 것이다. 알루미늄제 난간의 경우는 나사를 매립해 두고 볼트로 단단히 죄어 고정시킨다. 파라펫에 붙이는 경우는 둥근 고리와 마찬가지로 턱 앞이 비교적 좋다. 입목을 상하지 않고 비도 침투하지 않는 곳이다. 파라펫을 치기 전에 난간을 지탱하는 기둥을 유지하는 철판을 넣어두고 쳐 올린 후에 난간을 지탱하는 기둥을 그 판에 용접해서 설치한다. 파라펫의 꼭대기 부분, 입목 부분에 난간을 붙이면 금속 입목인 경우는 구멍을 뚫을 필요가 있고, 비는 위에서 떨어지므로 빗물도 침투하기 쉬우며, 난간을 지탱하는 기둥의 뿌리에서 물이 침투하거나 입목을 상하게 하면 여러 가지로 문제를 일으킨다. 좁은 베란다에서는 파라펫의 턱과 넓은 옥상에서는 기초를 만들어 난간을 지탱하는 기둥을 설치하는 것이 일반적이다.

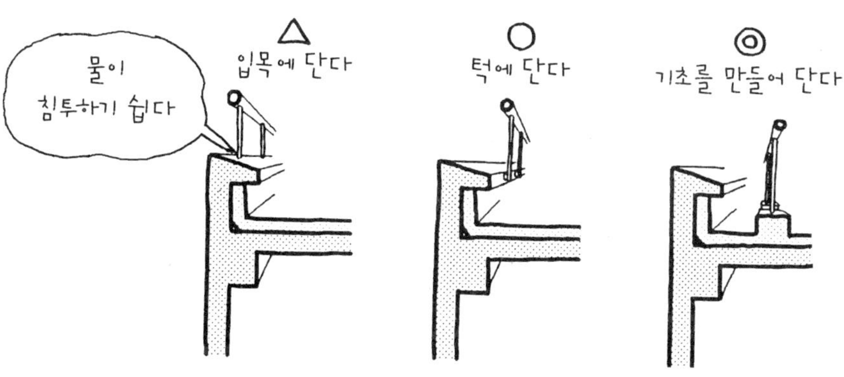

Q 지붕 유지 • 보수용으로 건물에 붙이는 사다리를 뭐라고 하나?

▼

A 트랩이라고 한다.

트랩(Trap)은 '덫 올가미' 라는 의미가 일반적이지만 배수용에 사용하는 S자관, U자관, 공기 등의 냄새가 올라오는 것을 막는 것도 트랩이라고 한다. 건축에서 트랩은 '사다리' 이다. 일반적으로는 배나 비행기 승강에 사용되는 다리를 트랩이라고 한다. 지붕에 오르는 사다리가 있으면 유지 · 보수작업을 하는데 매우 편리해진다. 방수의 점검 · 보수, 드레인 청소, 텔레비전 안테나 조정 등 직경 2.5cm(25ϕ) 정도의 스테인리스 파이프 등으로 트랩을 만들어 두면 좋다. 콘크리트를 쳐 넣기 전에 스테인리스판을 매립해 두고 여기에 볼트를 용접하여 트랩을 붙인다. 아이들의 장난을 방지하기 위해 트랩을 아래까지 만들지 않고 중간까지는 접사다리로 오르도록 하는 것도 있다. 또 탈락방지용 울타리를 트랩 주변에 만드는 것도 있다.

Q 아래층으로 가기 위한 구멍으로 위에 덮개를 붙인 것을 뭐라고 하나?

▼

A 해치라고 한다.

해치는 잠수함의 입구를 생각하면 쉽게 이해할 수 있을 것이다. 트랩과 마찬가지로 배나 비행기에 쓰이는 용어이다. 주로 배에서 온 것으로 선실에 들어가기 위해 갑판에 만든 위의 덮개를 붙인 출입구가 해치이다. 여기서 배나 비행기 문을 단 출입구도 해치라고 불리게 되었다. 위 덮개 그 자체를 가리켜서 해치라고 불리는 경우도 있다.

건축에서 해치는 베란다에 만들어진 피난해치가 대표적인 예이다. 해치를 열면 잘린 다다미식의 피난다리가 있고 그것을 내려서 아래층 베란다로 피난할 수 있는 구조이다. 사람이 다니기 위해 50cm 각 정도의 구멍이 필요하다. 피난해치의 경우 사람이 떨어지지 않도록 아래층과 위층의 해치 위치는 어긋나게 해야 한다.

지하의 설비피트나 기계실로의 출입구에도 해치는 있다. 기계반입에 필요한 커다란 해치를 위해 해치 2개를 동시에 열려면 커다란 구멍이 되도록 해야 한다.

Q 비둘기집이란?

▼

A 옥상방수를 설비배관이 관통할 때 방수층이 솟아올라서 작은 집을 만들고 거기에서 배관을 옥상으로 유도하게 된다. 이 경우 작은 집을 비둘기집이라고 한다.

방수층을 직접 관통시키면 배관과 방수의 틈새에서 비가 샌다. 그래서 이처럼 작은 집을 만드는 일이 자주 행해진다. 비둘기를 기르는 작은 집과 닮았다 해서 통칭 비둘기집이라고 한다. 옥상 방수층이 비둘기집과 부딪히는 부분에서는 역시 방수층을 올려야 한다. 파라펫처럼 턱을 붙여 만들면 비마무리는 안심적이다. 옥상에 큐비클(배전반설비)이나 대형 공조실외기를 두는 경우에 비둘기집을 만들어야 하는 경우가 많다. 배기용 배관을 옥상에 관통시킬 때 비둘기집을 만들지 않고 방수층을 올라오게 하는 금속 부품으로 간단하게 관통시킬 수도 있다. 이 경우에도 방수층은 그 금속 부품 주위로 올라와 그 안을 배관이 통하는 구조로 되어 있다. 그리고 비가 위에서 새지 않도록 배관 위에 캡을 붙이는 구조이다. 비둘기집을 만들지 않고 외벽으로 전달시켜 파라펫을 타고 넘는 형으로 배관을 돌리는 경우도 있다. 에어컨 실외기의 냉매관이나 전기배선 등의 경우이다. 단, 배관이 밖으로 노출되어 있으므로 외관은 그다지 좋지 않다.

Q 베란다 바닥보다 실내바닥이 높은 이유는?

▼

A 방수층을 올려서 실내에 빗물이 침투하지 않도록 하기 위함이다.

방수층이 올라갈 수 있는 치수를 알기 위해 실내측 바닥을 20cm 정도 올릴 필요가 있다.

베란다와 실내가 같은 바닥높이라면 창 밑에 20cm 정도의 벽을 만들게 된다. 테라스에 내는 창은 방안에서 밖으로 쓸어내리기 위해 바닥에 잇대어 만든 창으로서 보통은 베란다 바닥을 내리게 된다. 바닥을 내리는 경우 마무리 공정만이 아니라 RC구체도 내려야 한다. RC구체의 바닥 슬래브를 똑같은 높이로 바닥만 올리면 역시 물이 침투하기 쉽다. 배리어프리인 평평한 바닥으로 하고 싶은 경우는 베란다 바닥 위에 가늘게 쪼갠 대나 갈대로 발처럼 엮은 것처럼 물이 아래로 빠져나가는 바닥을 한 장 더 만들게 된다. 베란다 창 아래에서 빗물이 침투하여 아래층 방에 비가 새는 심각한 문제가 발생한다. 베란다 방수층이 올라간 부분은 지붕과 마찬가지로 주의할 필요가 있다.

Q 욕실 바닥이 탈의실보다 낮은 이유는?

▼

A 방수층의 올라간 부분을 취하기 위함이다.

욕실 바닥도 지붕이나 베란다와 마찬가지로 방수층이 올라간 부분을 취할 필요가 있다. 방수층 전체로서 접시와 같은 형태로 되어 있지 않으면 물이 다른 부분으로 침투하게 된다.

RC바닥 슬래브를 평평한 채로 욕실을 만들려고 하면(아래 왼쪽 그림), 방수층의 올라갈 부분이 필요하게 되므로 출입문의 아래가 올라가버린다. 탈의실에서 욕실로 들어가는데 20cm 정도의 문지방을 넘어 들어가야 하기 때문에 사용이 어렵고 발도 걸리기 쉽다. 구 아파트라면 어쩔 수 없지만 새로운 분양맨션에서는 허용되지 않는다. 이 때문에 RC바닥 슬래브에 단차이를 두고(아래 오른쪽 그림) 방수층이 올라간 부분을 만드는 방법이 자주 있다. 이렇게 되면 20cm의 문지방을 넘지 않고 1단 내려가는 것이 된다.

유닛배스(세면기, 욕조, 변기)의 설치방법도 똑같이 한다. 유닛배스에서는 처음부터 접시가 만들어져 있으므로 거기에 물을 받는다. 그러나 접시 가장자리를 올리기 위해서는 욕실처럼 RC 슬래브에 단차이가 필요하게 된다. 만약에 RC 슬래브를 손대지 않으려면 문지방을 20cm 정도 올려야 한다.

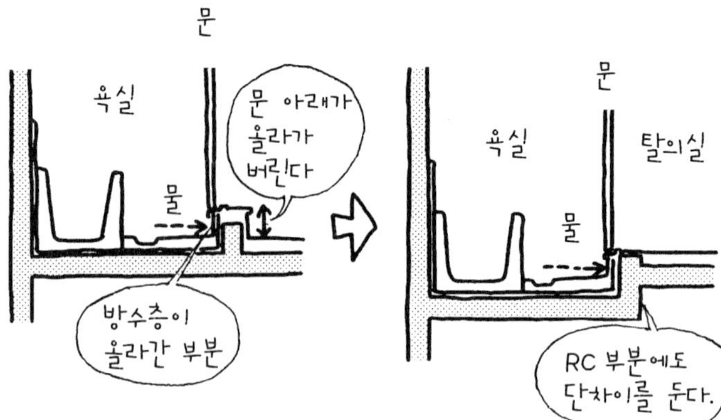

Q 욕실과 탈의실 바닥을 같은 높이로 하려면?

▼

A 욕실 입구 바닥에 하수구를 만들고, 그 위에 그레이팅을 놓는다. 탈의실로의 물 침투를 하수구로 막는 구조이다. 그렇게 하면 바닥을 같은 면으로 할 수 있다.

그레이팅(Grating)이란 배수를 목적으로 한 그물형 덮개이다. 격자모양이나 금속판에 작은 구멍을 많이 뚫은 펀칭 메탈 등이 사용된다.
욕실 입구의 하수구 위는 사람들이 움직이므로 펀칭 메탈은 휘어질 위험이 있다. 그래서 각 파이프를 몇 개 나란히 한 그레이팅이 많이 사용된다. RC 슬래브의 단차, 하수구+그레이팅 등으로 욕실과 탈의실 바닥을 평평하게 할 수 있다. 건물의 현관 부분에도 바닥을 평평하게 하고 싶을 경우 이렇게 하수구+그레이팅으로 한다. 배리어프리인 바닥을 만들려면 방수에 대한 대비를 잊어서는 안 된다. 배수관을 RC 슬래브 위에 설치하는 경우는 욕실 바닥 아래에 배수관을 넣을 공간이 필요하기 때문에 슬래브 단차는 상당히 크게 할 필요가 있다. 분양맨션에서 배수관의 수리는 그 집안에서 처리할 필요가 있으므로 슬래브 위 배관이 원칙이다.

Q RC구체에 새시를 달 때 RC외벽에 같은 면에서 다는 것이 아니라 RC벽의 안쪽을 도려내어 턱을 만들고, 그 턱 속에 새시를 다는 것이 있는데 왜 그러한 마무리를 할까?

▼

A 실의 위치가 정면에서 봤을 때 횡방향이 되고 비마무리나 외관이 좋아지기 때문이다.

새시와 RC구체 틈새를 실로 고정시켜 물이 들어가지 않도록 하는 경우 같은 면에서 하면 실에 비나 태양광선이 직접 닿아 물이 쉽게 들어가고 손상 또한 쉬워진다. 이것은 실만으로 지탱할 수 있는 마무리라고 할 수 있다. 또 RC구체도 직각인 핀각으로 해야 한다. 타일이나 돌을 붙이는 경우는 좋지만 콘크리트에 도장마무리의 경우 RC구체만으로 직각인 핀각을 만들어야 한다. 깨져서 떨어지거나 벗겨지기 쉽고 거기에 새시를 직접 고정하면 물이 들어가기 쉬워진다. 또 면으로 한 경우 면 부분만 안쪽에 새시를 어긋나게 하지 않으면 안 된다. 아래 그림처럼 RC구체를 도려내어 턱 모양의 구체로 만들고 그 안에 새시를 달면 실은 턱 안쪽이 되고, 비나 태양은 실에 직접 닿지 않게 된다. 또 정면에서 보면 실이 보이지 않아 외관도 좋아진다. 빗물을 어떻게 처리하는가를 비마무리라고 하는데, RC구체의 내부로 새시를 다는 것은 비마무리상 유리하기 때문이다. 이 경우 실은 실리콘 실을 사용하는 것이 보통이다.

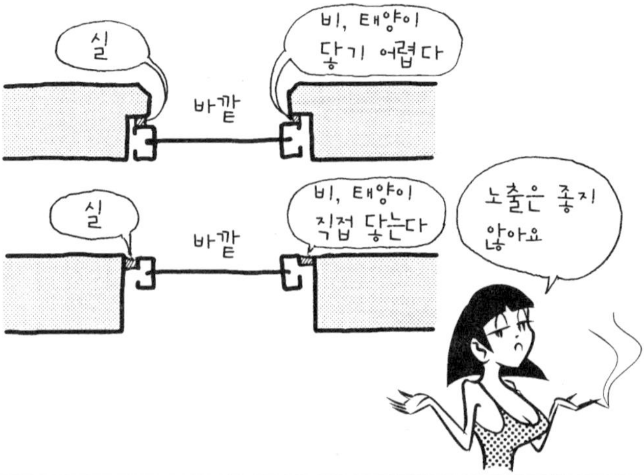

Q 새시를 넣기 위한 RC 구체의 구멍인아래벽 부분의 모양은?

▼

A 아래 그림처럼 외구배(外勾配)에 잘라낸 형태로 한다.

상부에는 좌우 구체부분과 같이 턱을 만들고 그 안쪽에 새시를 만든다. 실은 이 경우 위로 향하므로 물은 침투하기 어려운 형태이다. 하부는 만약에 물이 들어와도 밖으로 향해 흐를 수 있도록 외구배로 한다. RC 구체를 바깥쪽으로 기울이게 한데다 물끊는 판을 단다. 알루미늄 새시의 경우는 기제품인 알루미늄제 물끊기판을 사용하는 것이 일반적이다. 물끊기판에 떨어진 물은 바깥쪽으로 흐르는 구조이다. 잘 흐를 수 있도록 물끊기판의 앞은 RC 구체 밖으로 나오는 형태로 한다.
물끊기판과 구체 사이를 실링해서 물끊기판과 알루미늄 새시와의 매달린 부분에도 실링하고, 실리콘 실을 사용한다.

Q 새시와 RC구체의 틈새에는 무엇을 채우나?

▼

A 방수 모르타르를 채운다.

RC구체쪽에 철근(삽입근) 등의 금속 부품을 미리 매립해둔다. 새시쪽 금속 부품과 구체쪽의 금속 부품을 용접하여 새시를 고정시킨다. 구체쪽의 금속 부품은 새시 앵커라고 불린다. 새시 앵커에 용접하기 위해서는 용접을 위한 기계가 들어올 틈새가 없으면 작업할 수 없다. 용접봉(용접하는 불꽃이 나오는 봉)이 들어갈 틈새가 필요하기 때문이다. 새시가 앵커된 후에는 그 틈새가 남아 있고, 그 틈새를 열어 두면 물이 침투할 우려가 있다. 실로 물이 침투하는 것을 방지하고 있지만 실을 깨고 들어온 물에 무방비상태면 안 된다. 그래서 방수 모르타르를 채운다. 방수 모르타르란 보통 모르타르에 방수제를 넣어둔 물을 튕겨내기 쉬운 모르타르이다. 모르타르란 시멘트+모래+물이지만 그것에 약제를 넣는다.
새시 설치는 아래 그림처럼 ①구체를 만든다. ②새시를 용접해서 앵커한다. ③ 물이 들어가지 않도록 실리콘 실링한다. ④ 새시와 구체의 틈새에 방수 모르타르를 채운다. 순서이다.

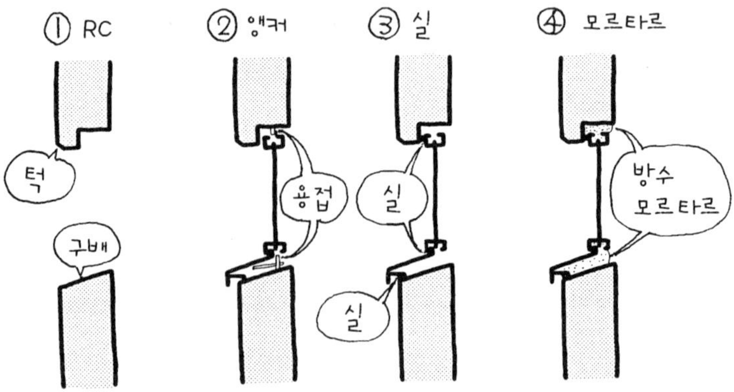

Q 새시 안쪽에 목제틀을 다는 것은?

▼

A 안쪽의 보드나 마무리재를 깨끗하게 처리하기 위함이다.

아래 그림을 보면 우선 바깥쪽에 턱이 있고 다음에 새시가 있다. 새시 폭은 70mm 라든지 100mm 등으로 RC구체와 내장을 충족시킨 폭보다도 훨씬 작은 폭이다. 그 부족한 폭 부분을 목제틀로 보충한다. 보드는 틀에 맞도록 하여 설치하고, 이에 맞춰서 고정시키기 위해서는 목제틀쪽이 보드보다 나와 있을 필요가 있다. 목제틀은 10mm 정도 보드면에서 나오고, 그 나온 부분을 벽홈(지리)이라고 한다. 목제틀에 보드를 끼우는 홈을 만들어두면 오랫동안 사용해도 틀과 보드 사이가 떨어지지 않는다. 위와 좌우의 목제틀은 액자, 아래의 목제틀은 선반이라고 한다. 아래 틀에는 물건을 올려놓으므로 위와 좌우 틀과는 다른 명칭을 쓴다. 단, 대부분의 경우 동일 판 재료로 4곳에 만든다. 목제틀은 25mm 두께의 판이 자주 사용된다. 정면에서 보면 25mm 이다. 이 정면에서 본 치수는 외목치수법이나 외목치수라고 불린다. 외목치수법을 크게 하면 거친 인상이 되고 가늘게 하면 섬세한 인상이 된다. 또 안쪽을 향한 치수는 안목치수법이나 안목치수라고 불린다. 목제틀 대신 철제나 알루미늄제 틀을 다는 경우도 있다.

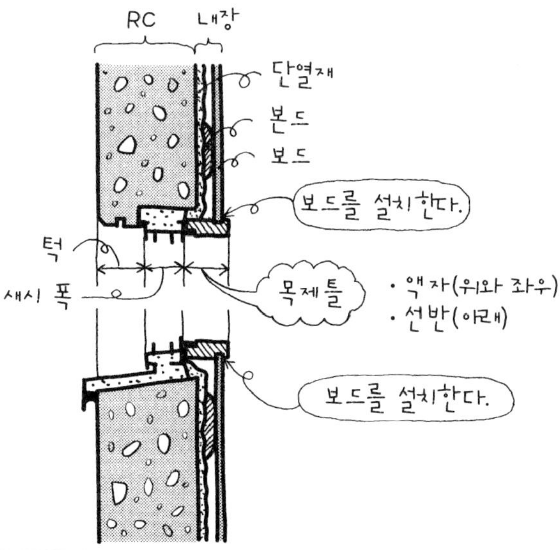

Q 목제틀에 액자나 선반을 달려면?

▼

A 새시에 L형 금속기구를 달아 두고 그것에 작은나사로 고정시킨다.

목제틀은 아래 그림에서 보는 것처럼 새시와 석고보드가 부딪히는 곳에 붙인다. 보드는 석고로 굳어져 있으므로 목제틀을 직접 설치하기에는 너무 약하고, 또 보드에는 나사를 쓰지 못한다. 따라서 새시쪽에 설치하게 된다. 알루미늄 새시의 안쪽 4 변에 알루미늄제 금속기구를 사전에 달아두고, 거기에 목재틀을 나무나사로 설치하는 것이다. 그래서 새시 주변 4 곳에 목제틀을 붙인다. L형 금속기구에는 사전에 나사를 넣을 구멍이 뚫려져 있어서 접시나사머리가 들어가도록 구멍 주위가 움푹 들어가 있다. 접시나사를 돌려 넣으면 L형 금속기구 안에 나사는 설치되고 나사머리는 신경 쓰이지 않게 된다. 물론 나사의 색깔도 새시 색깔에 맞춘다. 목재틀이 고정되면 보드를 전용 접착제로 단열재에 붙이고, 보드는 목재틀이 맞도록 설치한다. 목재틀에 보드 홈을 새겨두고 거기에 끼워넣도록 설치한다. 목재틀의 표면은 보드면에서 10mm 정도 밖으로 나오게 되고, 이것이 벽홈이다.

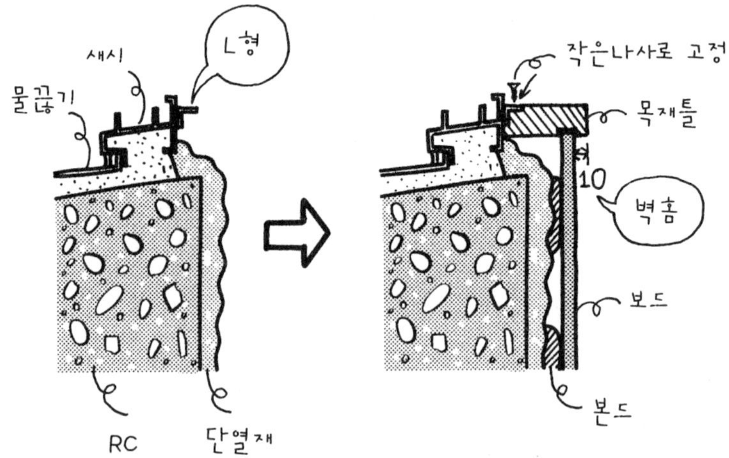

Q 스틸 도어 틀을 RC구체에 붙이려면?

▼

A 새시 설치와 마찬가지로 사전에 RC에 매립해 둔 금속 부품에 용접해서 고정시킨다.

새시 앵커라 불리는 금속 부품을 거푸집에 못으로 고정시켜두고 콘크리트가 굳은 후에 거푸집을 벗겨낸다. 스틸 틀에는 새시 앵커로 간단하게 용접할 수 있도록 틀 안쪽에 플레이트가 붙어 있다. 새시 앵커와 그 플레이트를 철근이나 L형 금속 부품 등으로 용접해서 연결한다. 문을 심하게 열고 닫아도 망가지지 않도록 용접으로 단단히 고정하는 것이다. 그 후 RC구체와 스틸 틀 사이를 실링한다. 물이 들어가지 않도록 하기 위해 RC구체에 턱을 다는 경우도 많다. 실링한 후 RC구체와 스틸 틀 틈새에 방수 모르타르를 채운다. 이 방법은 알루미늄 새시를 다는 공정과 같다. 스틸 틀을 설치한 후 단열재를 설치하고 목재틀을 스틸 틀에 나사로 설치하며, 이 목재틀에 홈을 파서 보드를 끼우게 하여 붙인다. 벽홈을 남기고 보드를 마무리한다. 보드와 목재틀을 벽홈을 남기고 마무리하는 방법도 알루미늄 새시의 경우와 같고, 이 목재틀을 생략하고 스틸 틀에 보드를 직접 맞춰 고정시키는 방법도 있다.

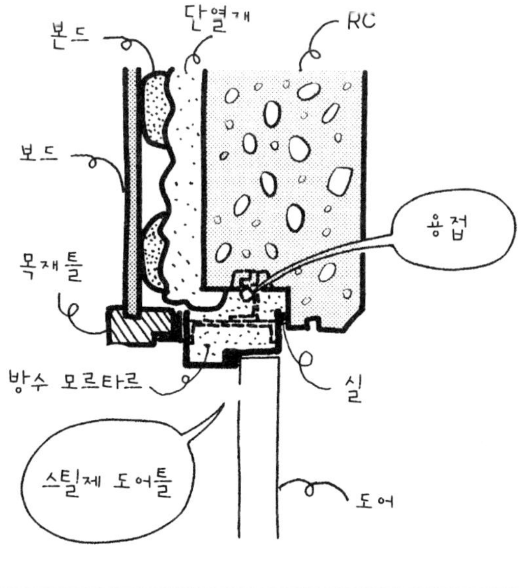

Q 스틸제 도어 틀의 단면형에 요철이 있는 이유는?

▼

A 도어 버팀새를 만들기 때문이다.

도어는 도어 버팀새로 멈추지 않으면 반대측으로 돌아가버린다. 스윙도어는 양측에서 열지만 보통은 한쪽만 여는 구조이다.

도어 버팀새로 도어를 멈추면 외부공기가 들어오지 않게 되고 기밀성이 높아진다. 또 물도 들어오기 어렵고, 기밀성이나 수밀성을 좋게 하기 위하여 도어 버팀새 부분에 고무를 넣는 경우가 있다. 이 고무는 도어가 닫힐 때 소리까지 줄여주므로 어느 정도의 바깥문에는 도어 버팀새에 고무를 넣고 있다. 실내 도어에서도 음악실 등의 소리가 밖으로 새는 것이 신경 쓰이는 문에는 도어 버팀새에 고무를 넣는다. 더욱이 강하게 단단히 죄는 경우는 레버 핸들도 단다. 도어 버팀새를 만들기 위하여 도어 틀의 단면에 복잡한 요철이 있는 것이다. 내장된 목재틀에서는 도어 버팀새를 틀의 정중앙에 붙이므로 정확하게 凸모양으로 된다.

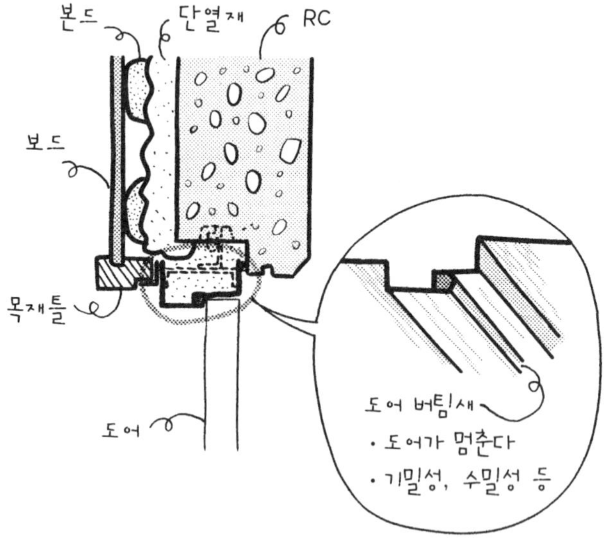

Q 외부 도어 아랫부분의 스틸 틀(문지방)이 스테인리스제인 이유는?

▼

A 신발로 자주 비비는 부분으로서 스틸에 도장한 것은 도장이 바로 벗겨져버리기 때문이다.

도어 틀 중 아랫부분만을 문지방이라고 한다. 신발로 비비는 곳이어서 그렇게 부르지만 신발을 신지 않는 내부에서도 도어의 아래 틀은 문지방이라고 한다. 도어 틀 중 위와 좌우 틀은 1.6mm 두께 정도의 스틸(강철)로 만들어 도장한다. 아래 틀은 1.5~2mm 두께 정도의 스테인리스로 만든다. 이는 아래 틀을 스틸로 만들면 도장면이 바로 벗겨지기 때문이고, 스테인리스에는 아무런 도장을 하지 않으므로 스테인리스 색깔 그대로이다. 스테인리스는 기호로는 SUS 라고 쓴다. SUS 는 서스라고 읽는 경우도 있다. 크롬과 니켈 함유량의 차이를 나타내기 때문에 SUS 뒤에 번호를 붙임으로써 구별할 수 있다. 건축에서 자주 사용되는 것은 SUS304 로 문지방에도 SUS304 를 사용한다. 내부 도어 틀에도 위와 좌우는 목재틀로 하고, 아래 문지방만 스테인리스제로 하는 경우도 종종 있다. 내부 도어는 일반적으로 문지방을 생략하고 3 방향의 틀로 하는데 마루재가 변하는 장소만 문지방을 넣고 재료가 변하는 곳을 끝으로 한다.

Q 3방틀이란?

▼

A 문지방이 없는 위와 좌우 3방향만의 틀이다.

내장 도어의 틀에 주로 사용한다. 도어를 달지 않는 벽의 개구부에도 3방틀을 단다. 바닥재가 같은 경우는 바닥을 연속시킨다. 문지방을 조금 내면 발이 걸려서 위험하므로 요즘은 문지방을 사용하지 않는 경향이 있다. 배리어프리 방법도 있고 비용 삭감도 된다. 위와 좌우 틀은 아래 그림에서 보듯이 凸모양의 단면형을 하고 있다. 정중앙에 도어 버팀새를 달기 때문에 凸모양으로 된다. 도어 버팀새는 12mm 정도 나오고, 폭은 30mm 정도이다. 도어 틀의 외목치수(정면에서 본 폭)는 25mm 정도가 일반적이다. 도어의 스틸틀, 목재틀, 새시의 목재틀 등 거의 모든 치수가 25mm 정도로 만들어지고 있다. 그 틀은 벽에서 10mm 정도 나오는 것이 일반적이고, 틀의 벽흠은 10mm로 기억해두자. 도어 버팀새는 틀을 설치한 후에 붙인다. 우선 틀을 바탕의 사잇기둥에 볼트나 나사로 고정시키고, 이때 도어 버팀새를 넣는 홈 중에서 사잇기둥에 고정시킨다. 틀을 고정하면 도어 버팀새를 홈에 끼워 넣고 접착하며, 도어 버팀새를 위에서 씌우면 볼트나 나사머리가 보이지 않게 된다.

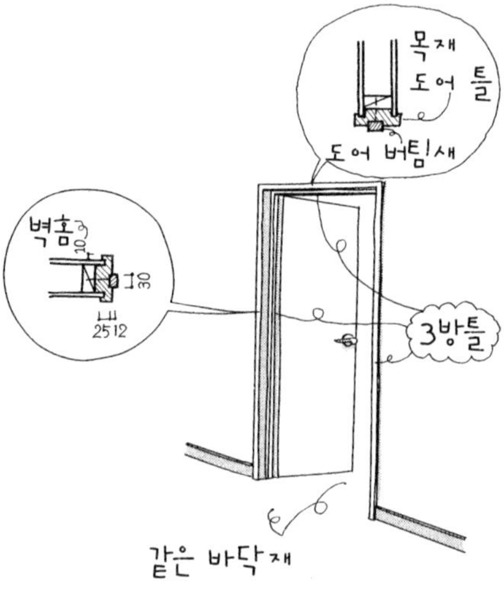

Q 내장 도어 틀의 벽홈과 걸레받이 폭, 어느 쪽을 크게 하나?

▼

A 벽홈 쪽을 크게 한다.

벽홈 쪽을 크게 해서 걸레받이가 틀에 닿는 곳에 깨끗하게 잘 맞아 들이가도록 한다. 아래 그림에서는 벽홈 10mm, 걸레받이 폭 6mm이다. 걸레받이의 나온 부분이 작기 때문에 걸레받이는 틀에 맞닿아서 멈추고 걸레받이의 절단면도 보이지 않고 깨끗하게 잘 맞아 들어가게 된다. 걸레받이 폭이 15mm라고 하면 틀에 맞닿았을 때 5mm 정도 나오게 되고, 걸레받이 횡단면이 틀 밖으로 나오면 외관상 보기 좋지 않다. 벽홈을 10mm로 많이 하는 경우는 걸레받이의 폭이 10mm 이하가 많고, 잘 맞아 들어가 보이기 때문이다. 또 10mm 정도라면 벽에서 너무 많이 나온 느낌이 없기 때문이다. 많이 돌출된 틀에서는 방해가 된다. 틀의 벽홈은 10mm, 외목치수는 25mm로 우선 기억해두자.

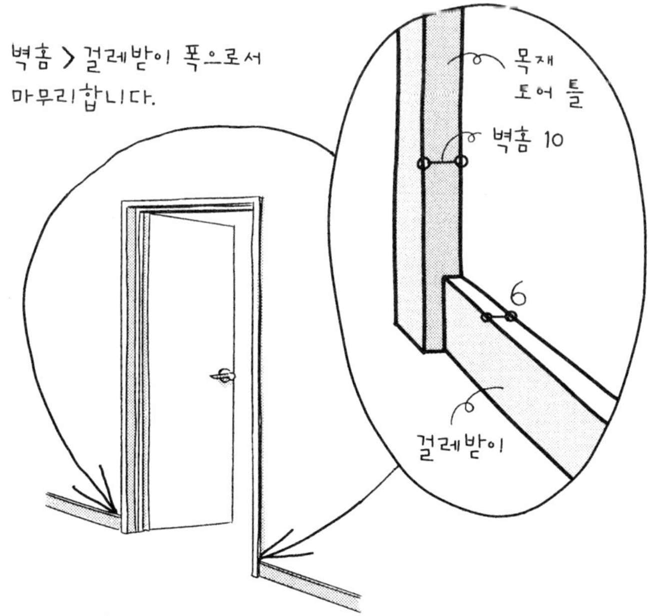

Q 플러시 도어, 마룻귀틀 도어란?

▼

A 플러시 도어는 표면이 판만으로서 내부는 공동으로 되어 있는 문, 마룻귀틀 도어는 마룻귀틀에 둘러싸인 속에 판이나 유리를 넣은 문이다.

플러시 도어, 마룻귀틀 도어 모두 스틸제, 목제, 알루미늄제 등이 있다. 플러시 도어는 내부에는 뼈대만 넣고 양면을 판으로 샌드위치한 문이다. 뼈대를 많이 넣는 것은 귀찮으므로 골판지제나 알루미늄제 허니콤 코어를 넣는 경우도 있다. 허니콤 코어(Honeycomb Core)란 직역하면 '벌집 심' 이다. 벌집 모양의 육각형을 조합한 심재로 얇은 종이나 알루미늄판으로 만들어도 강도가 나오게 된다. 허니콤 코어 대신 단열재인 폴리스틸렌 폼(스티로폼)을 채우는 일도 있어서 외장 도어에서는 단열성이 향상된다. 마룻귀틀 도어는 마룻귀틀을 짜서 그 내부에 판이나 유리, 폴리카보네이트 중공판 등을 넣는다. 목재인 마룻귀틀 도어는 마룻귀틀재나 안에 넣는 판에 비용이 들기 때문에 플러시 도어보다 가격이 비싼 경향이 있다. 플러시 도어는 화장실 입구, 마룻귀틀 도어는 거실 입구 등으로 분리해 사용한다. 마룻귀틀 도어 안에 넣는 판은 경판이라 불리고 도어의 외관을 크게 좌우하는 화장판이다. 경판에는 양질의 판이 사용된다.

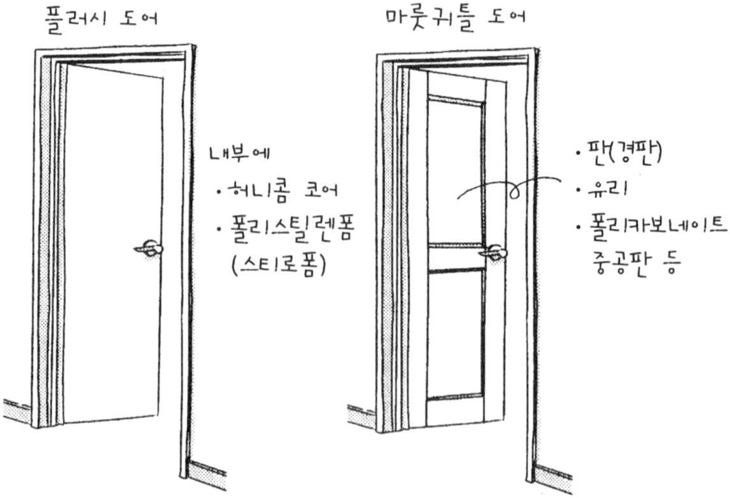

Q 새시 마룻귀틀이란?

▼

A 유리 주변 틀이다.

새시나 미닫이 주변 틀을 가리켜서 마룻귀틀이라고 한다. 위틀을 위 마룻귀틀, 좌우 세루틀을 세로 마룻귀틀, 아래 틀을 아래 마룻귀틀, 중앙에 붙은 틀을 가운데 마룻귀틀이라고 한다.

요컨대 움직이는 문이나 창 주위 및 중앙에 있는 틀을 마룻귀틀이라고 부르는 것이다.

또 바닥재인 끝부분에 붙이는 수평재도 마룻귀틀이라고 한다. 현관의 올라오는 입구에 붙이는 수평재를 올라가는 마룻귀틀, 바닥 사이의 단차가 있는 곳에 붙이는 수평재를 바닥 마룻귀틀이라고 한다.

아래 마룻귀틀은 위 마룻귀틀과 세로 마룻귀틀에 비해 두꺼운 것이 일반적이다. 유리는 상당히 무거우므로 그 하중을 지탱하기 위하여 또 레일 위를 미끄러지는 도르래 바퀴를 넣을 공간이 필요하기 때문이다.

Q 새시의 개스킷이란?

▼

A 유리의 마룻귀틀에 끼우기 위한 고무패킹이다.

일반적으로 개스킷(Gasket)이란 기밀성, 수밀성을 높이기 위해 부재간에 끼우는 고무이다. 배관 연결 부분에 채우는 고무도 개스킷이라고 한다. 고무패킹이라 해서 천연고무만이 아니라 합성수지제 고무도 사용된다. 패킹(Packing)이란 상자에 채워서 포장하는(Pack 한다) 경우 틈새에 채우는 탄력성 있는 것을 가리킨다. 여기서 사이에 채우는 탄력 있는 고무를 패킹이라고 한다. 또 끌어당기면 고무줄처럼 되므로 고무비드라고도 하고, 비드(Bead)란 비즈의 어원으로 여러 개의 구슬모양의 것, 고무줄 모양의 것을 가리킨다.

새시를 조립하는 순서로서

① 새시 치수에 맞춰 유리를 자른다.
② 유리 주변에 개스킷을 끼운다.
③ 새시 한쪽 부재에 유리와 개스킷을 끼워 넣는다.
④ 새시의 또 다른쪽 부재를 나사로 고정해 완성한다.

로 된다. 개스킷을 한쪽 마룻귀틀에 끼워 넣고 그 후에 마룻귀틀 전체를 조립하고, 알루미늄 새시 마룻귀틀은 작은나사로 고정시켜 간단하게 조립한다. 유리를 고정하는데 개스킷이 아닌 실링재로 고정하는 방법도 있다. 소형 새시에서는 개스킷으로 고정하는 쪽이 많다.

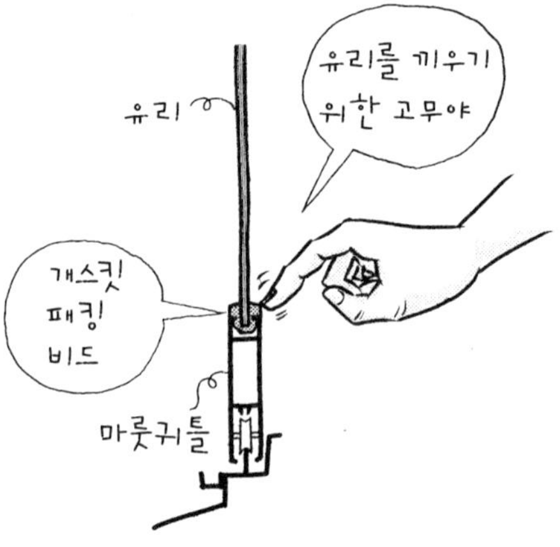

Q 플롯 유리란?

▼

A **용융금속에 띄워(플롯시켜) 만드는 가장 많이 보급되어 있는 투명판 유리이다.**

플롯(Float)이란 띄운다는 의미이나. 무엇에 띄우는가 하면 녹인 금속에 띄우는 것이다. 금속은 주석을 사용한다. 주석 쪽이 유리보다 무겁고, 물과 기름처럼 섞이지 않으므로 평활한 면이 생긴다. 옛날에는 철판 위에 녹인 유리를 흘렸지만 보다 평활한 방법이 개발되었고, 지금은 녹인 주석 위에 녹인 유리를 플롯시켜 만드는 것이 일반적이다. 주석은 납땜할 때 사용하는 것처럼 융점은 232℃이고 낮은 온도에서 액체로 된다. 또 납처럼 유해하지 않다. 이러한 이유에서 플롯배스(유리를 띄우는 용기)에 넣는 용융금속에는 주석이 사용된다.

플롯유리는 플롯판유리, 보통판유리, 투명유리 등으로도 불린다. 두께는 2, 3, 4, 5, 6, 8, 10, 12mm 등 다양하지만 그 중에서도 4mm, 5mm 두께 정도가 자주 사용된다. 주택이나 맨션의 창유리에 많이 사용되는 것이 5mm 두께이다. 2mm, 3mm 두께는 깨지기 쉽고, 특히 2mm 두께는 태풍의 강풍에도 깨질 우려가 있다.

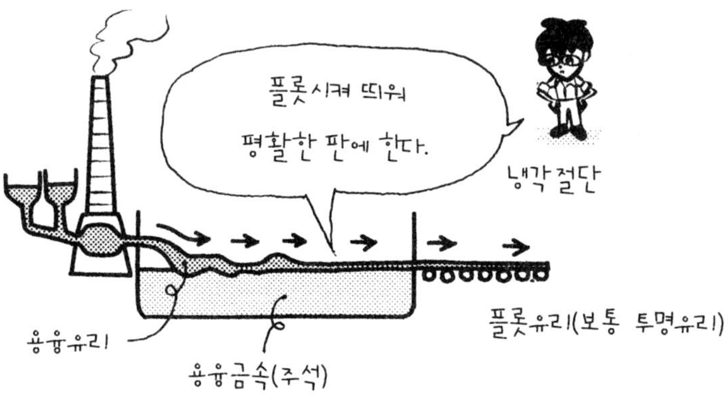

Q 틀(型) 유리란?

▼

A 유리 한쪽에 요철 모양이 붙은 불투명한 유리이다.

틀유리의 틀이란 요철 모양이다. 플롯 배스에서 나온 유리를 롤에 통과시키는데 롤의 한쪽을 요철 모양이 생기게 하고, 한쪽에만 요철 모양이 있으므로 유리는 불투명하게 된다. 틀유리는 틀판유리라고도 한다. 들쭉날쭉한 불투명한 모양이 일반적이지만 식물모양, 꽃모양 등의 제품도 판매되고 있다. 화장실이나 욕실 유리는 틀유리로 하는 것이 일반적이다. 유리창에서 상부를 투명하게, 하부를 틀유리로 하는 경우도 많이 있다.
불투명유리에서는 프로스트 유리(젖빛유리, 불투명유리)도 가끔 사용된다. 모래나 연마제를 뿜어내어(샌드블라스트) 가는 상처를 만들어 불투명으로 만들기도 하는데 틀유리보다도 섬세한 모양이 된다.
투명유리의 하부만 불투명유리로 하는 디자인도 가능하고, 특별주문이므로 그 만큼의 비용은 들지만 점포의 디자인용으로도 사용되고 있다.

Q 복층유리와 겹유리는 다른나?

▼

A 다르다.

복층유리는 안에 공기를 넣고 단열성을 좋게 한 유리이다. 한편, 겹유리는 수지를 유리에 샌드위치시켜 깨지지 않도록 한 유리이다. 복층유리는 페어글라스(Pair Glass)라고도 불리고, 유리와 유리 사이에 공기를 봉해 넣은 것이다. 공기는 열을 통과시키기 어렵고 또 좁은 곳이라면 대류하지 않으므로 단열성이 매우 좋아진다. 유리와 유리는 절단면에 스페이서(간격을 유지시키는 주재)와 실로 고정하고 내부에 공기를 봉해 넣는다. 내부 공기에 수증기가 많이 섞여 있는 경우 유리가 식으면 결로가 발생하여 물방울이 내부에 생긴다. 내부에 생긴 물방울은 외부에서 잡을 수 없기 때문에 공기를 건조시키고 나서 봉해 넣는다. 또 건조제를 스페이서 내부에 넣을 수도 있다. 건조공기 대신 아르곤가스를 채워 넣는 경우도 있다. 전구 및 형광등의 봉입가스에 사용하는 아르곤가스는 열이 통하기 어렵고(열전도율이 낮은) 불활성 가스이다. 2장의 유리는 바깥쪽을 두껍게 안쪽을 얇게 하는 경우도 있다. 쪽 유리가 같은 두께라면 북의 원리처럼 공진해시 소리가 전달되기 쉬 때문이다. 겹유리는 유리에서 수지 등을 샌드위치시키므로 잘 깨지지 않는 유리이다. 방범 유리라고도 불린다. 자외선을 차단하는 빈투명금속막을 끼우는 경우도 있고, 복층유리의 바깥쪽에 겹유리를 사용하는 경우도 있다. 방범성과 단열성을 병용하는 유리이다.

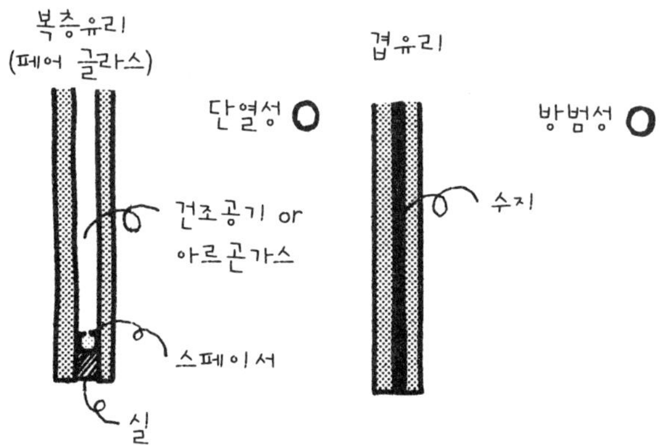

Q 망유리란?

▼

A 화재로 인해 유리가 깨질 때도 파편이 떨어져 탈락하지 않도록 망모양으로 와이어가 들어가 있는 유리이다.

그물을 체크무늬로 넣는 크로스 와이어, 45도 기울인 마름형의 마름 와이어가 있다. 플롯 배스에서 나온 유리의 중앙에 망을 넣어 냉각시켜 만든다. 두께는 6.8mm가 주류이다. 보통 유리라면 깨지면 바로 파편이 떨어져나가지만 망이 들어간 경우는 와이어에 걸려서 쉽게 떨어지지 않고 이는 유리의 비산, 탈락을 방지하기 위하여 망이 들어가 있는 것이다. 와이어가 들어있다고 해서 방범성이 있는 것은 아니다. 두드려서 깬 경우 가는 와이어망이 있기 때문에 유리는 떨어지지 않지만 깨진 유리를 손으로 제거하고 구멍을 만드는 일은 간단하다. 망은 철선이므로 유리와 열팽창률에 있어서 약간은 다르다. 태양열을 받아 팽창 · 수축하는 경우 팽창률이 다르면 깨지게 된다. 그것이 열깨짐이다. 망유리는 두드리지 않았는데도 깨지는 경우가 있는데, 바로 열에 의한 것이다. 또 유리의 절단면에서 물이 들어가면 철이므로 녹슬게 되고, 녹으로 인하여 팽창해도 유리는 깨진다. 이를 녹깨짐이라 한다. 열깨짐, 녹깨짐은 망유리의 결점이다. 와이어가 가로세로 망모양이 아니라 세로방향이나 가로방향으로만 들어가 있는 유리도 있다. 이를 선유리 및 유닛 와이어(유닛은 단일하다는 의미)라고 한다. 선유리는 비산방지되지만 방화성은 인정받지 못한다.

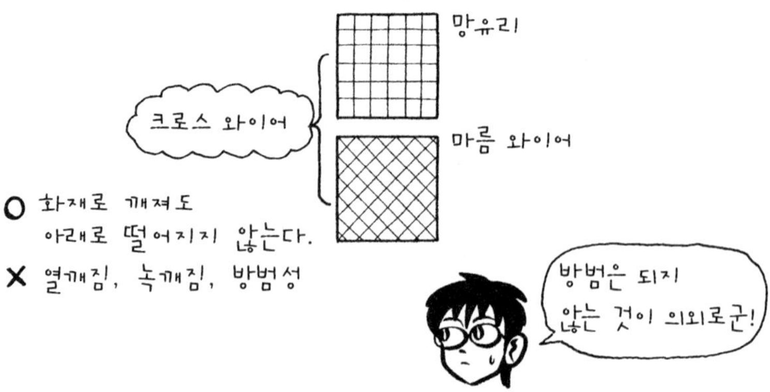

Q 강화유리란?

▼

A 충격이나 하중에 대하여 플롯유리의 3~5배 강도를 갖는 특수유리이다.

플롯유리를 가열한 후에 급격히 냉각시키면 강도 높은 강화유리가 만들어진다. 강화유리는 깨질 때는 전체가 한순간에 가루로 깨지지만 날카로운 파편이 튕기지는 않고 작은 가루로 깨지기 때문에 비교적 안전하다. 자동차 앞 유리는 강화유리로 필름을 샌드위치한 겹유리이다. 부주의로 유리가 깨졌을 경우 유리가 눈에 들어가 실명하는 사고를 예방하기 때문에 강화유리를 더욱 겹유리로 하는 것이다. 강화유리는 현대건축에서 적극적으로 사용되고 있다. 대형 유리면, 유리제난간, 유리바닥 등이다. 대형 유리면은 자동차 쇼룸의 대유리면, 통풍이 잘 되는 공간의 대유리면 등 일상적으로 본다. 대형 유리면은 새시가 없든지 있어도 최소한의 디자인으로 하기 때문에 유리가 있는 것이 이해하기 어려운 결점이 있다. 그 때문에 시선의 높이 정도에 실 등으로 마크를 하고 충돌을 방지하는 등의 대책이 필요하다. 강화유리 난간은 파이프 난간에 비해 디자인적으로 깔끔할 뿐만 아니라 빠져나오지 않으므로 안전면에서도 뛰어나다. 아래에 있는 유석불이나 도시모형, 건물 아래성관을 보이게 하는 유리바닥 등 강화유리 바닥도 다양한 용도로 사용되고 있다.

Q 망호(網戶)네트의 종류는?

▼

A 사란네트, 스테인리스네트, 구리(銅)네트 등이 있다.

압도적으로 많은 것이 사란네트이다. 사란이란 폴리염화비닐리덴계 합성섬유이다. 합성수지섬유이지만 내수성(흡수율이 거의 0%), 난연성, 내약품성이 뛰어나서 곰팡이도 슬지 않는 소재이다. 가볍고, 커터로 쉽게 잘라지며, 비교적 강하고, 잡아당겨도 좀처럼 찢어지지 않는다.
사란네트의 색깔은 녹, 청, 회색, 흑색 등이 있지만 회색이 많이 사용된다. 망호의 마룻귀틀에는 홈이 만들어져 있어서 거기에 사란네트를 끼우고 위에서 고무줄(고무 비드)을 전용 롤러로 눌러 넣어 고정시킨다. 눌러 넣은 후에는 커터로 사란네트의 필요 없는 부분을 잘라낸다. 익숙해지면 초보자도 새로 교체할 수 있다. 사란은 사란 랩으로도 유명하다. 원래는 미국의 기술자 2명이 피크닉 갔을 때 생각한 것으로서 그들의 부인 이름 사라와 안을 합성해서 명명되었다. 스테인리스네트는 사란네트의 약 3배 정도의 비용이 든다. 단가가 비싼 대형 건물 등에 사용되고 사란보다도 쉽게 찢어지지 않는 장점이 있다. 부리로 뚫으면 사란네트는 쉽게 찢어지지만 스테인리스네트는 잘 찢어지지 않는다. 구리네트는 현재는 그다지 사용되고 있지 않다.

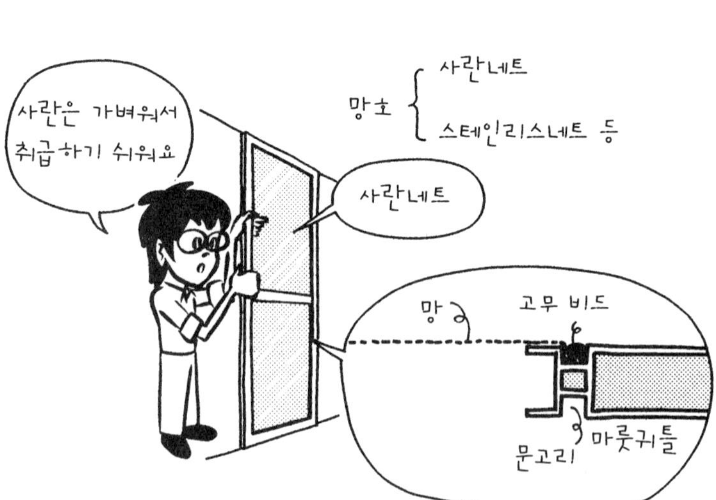

Q 폴리카보네이트 판이란?

▼

A 충격강도가 높은 플라스틱의 일종이다.

차고지붕, 차양, 베란다 난간벽, 내장 마룻귀틀문(마룻귀틀문 : 마룻귀틀로 판, 유리 등을 감싼 문) 등에 널리 사용되고 있다. 폴리카보네이트를 폴리카, 폴리카보 등이라고도 한다. 유리가 무겁고, 깨지기 쉬운 결점이 있는 반면에 폴리카보네이트는 가볍고, 쉽게 깨지지 않는 것이 장점이다. 또 유리는 딱딱해서 흠집이 잘 생기지는 않지만 깨지기 쉽고, 폴리카보네이트는 부드러워서 흠집이 잘 생기지만 잘 깨지지 않는다. 폴리카보네이트는 잘 타지 않는 소재이고, 흠집도 생기기 쉬우므로 투명유리 대신 창에 사용할 수는 없다. 그러나 부드럽고 끈기가 있어서 겹유리 안에 샌드위치시켜 방범유리를 만들 때 사용된다. 내부에 중공이 있는 폴리카보네이트 중공판(트윈 카보)도 건축에서 자주 사용된다. 두꺼운 판은 폴리카보네이트 판에서도 무거워진다. 안에 중공층을 만들면 구부러지기 어려운 것에 비해 가벼운 판이 만들어진다. 단, 불투명하게 된다. 중공판은 내부의 마룻귀틀문 등에 자주 사용된다. 또 중공층이 있어 단열성이 우수하므로 높은 창문에 사용하는 경우도 있다. 폴리카보네이트 중공판을 유리창 안쪽에 유리용 양면테이프로 붙이면 창의 단열성이 현격히 올라가고, 불투명하더라도 일반 창이나 결로가 심한 창에 사용해봐도 좋을 것이다.

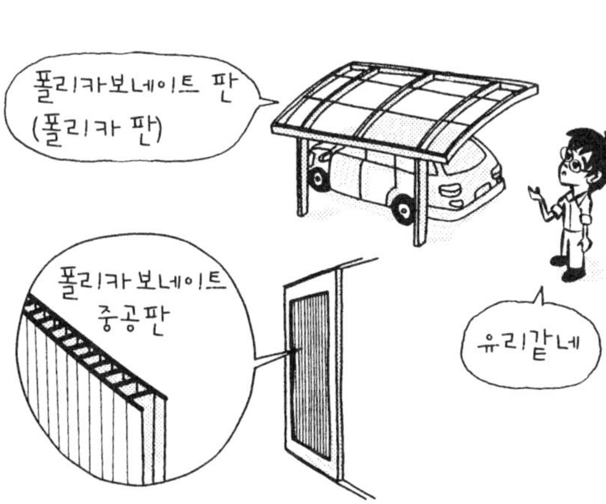

Q 콘크리트 표면의 표준적 마무리공정인 도장, 타일붙이기, 제물마감을 더러워지지 않는 순으로 나열하면?

▼

A 타일붙이기 > 도장 > 제물마감 순으로 한다.

제물마감면에는 물을 튕겨내는 실리콘 발수재를 도포하는 경우가 많지만 그 효과는 5~10년이면 없어지게 된다. 제물마감면은 더러움이나 곰팡이, 흠집 등 거무스름해지기 때문에 외관상 좋지 않다. 유지 · 관리를 5년마다 정기적으로 해주지 않으면 콘크리트면은 쉽게 흠집이 생기고 더러워진다. 도장하면 표면에 도막이 생기므로 더러움을 막을 수 있다. 내부에 물의 침투도 없고, 제물마감보다도 더러움은 눈에 띄지 않는다. 내구성도 제물마감할 때보다 향상된다. 단, 10년이 지나면 태양이 닿지 않는 북측 벽면쪽에 검은 곰팡이가 눈에 띄게 되고, 또 창 아래에 빗물이 흐른 후에 더러움이 나타난다. 광촉매를 넣은 도료, 곰팡이방지제를 넣은 도료 등이 판매되고 있지만 효과는 한정적이라고 할 수 있다. 한편, 타일면은 건축한 지 20년이 지나도 더러움은 그다지 보이지 않는다. 밥그릇과 같은 자기로 만들었기 때문이다. 밥그릇에는 더러움이 좀처럼 끼지 않는 것과 같다. 초기 비용은 다소 비싸지만 15년마다 비계발판+고압세정+도장비를 비교해 보면 타일을 붙이는 것이 무난하다. 타일보다 비교적 높은 돌붙이기도 분양맨션의 입구 주변에 사용된다. 이때는 화강암을 주로 사용한다. 대리석은 산성비로 새까맣게 되고, 표면이 평활하면 돌붙이기 마무리 공정은 타일을 붙이는 것과 마찬가지로 더러움에 강하다.

Q 타일을 붙인 맨션에서 베란다, 바깥복도의 바깥 모서리 부분, 안쪽을 도장하는 이유는?

▼

A 비용을 절약하기 위해 타일을 잘라 붙이는 것만으로 다 차지 않는 것을 피하기 위함이다.

바깥 모서리 부분은 타일이 특수하게 되어 있어서 비용이 비싸다. 또 이 부분에 타일을 잘라 붙이면 다 차지 않는 부분이 생긴다. 이 어중간한 부분을 줄눈폭에서 조정하는 것이 일반적이지만 그래도 다 메워지지 않는 경우가 많다. 따라서 코너 및 상단 부분을 도장마무리로 한다. 비교적 고가인 타일을 붙이지 않고도 마무리하며, 잘라 붙이는 것에도 신경쓰지 않는다.
더욱이 베란다 안쪽, 바깥복도 아래의 요벽 안쪽을 도장마무리하는 경우도 있다. 이것도 비용을 절약하기 위함이다. 이 부위들은 태양이 닿지 않는 곳이 많으므로 10년만 지나면 곰팡이 등으로 인해 거무스름해진다.
이렇게 타일과 도장, 두 방법의 마무리 공정을 병용하는 건물을 보면 어느 쪽이 더러움을 잘 탈지 알 수 있다. 건축한 지 10년 이상된 실제 건물에서 보자. 비용이 허락하면 전면 타일을 붙이는 것이 최상이다.

Q 코너에 붙이는 특수한 타일을 뭐라고 하나?

▼

A 역물(役物)이라고 한다.

평평한 타일이 아닌 L자형 등의 변형된 특수한 타일을 역물이라고 한다. 역물은 타일뿐만 아니라 특수한 형태의 부품을 가리켜서 일반적으로 사용되는 용어이다. 타일의 역물에는 비용이 든다. 평평한 부분이 재료와 공임으로 10만 원/m²이라고 하면 역물은 길이 1m당 5만 원 정도 소요된다. 역물을 생략하고 비용을 절감하려고 하는 경우 전항처럼 도장으로 처리하면 가능하다. 평물(平物)을 코너에 붙이면 타일 두께 부분(절단면)이 나오게 된다. 절단면을 가리기 위하여 평물로 타일을 붙이는 경우 평물의 끝을 45도로 커트하여 서로 맞추고 고정시켜야 하므로 각을 맞추어야 한다. 이 경우는 일손이 많이 가고 45도 커트가 깨끗하게 안 되면 반대로 지저분하게 보인다.

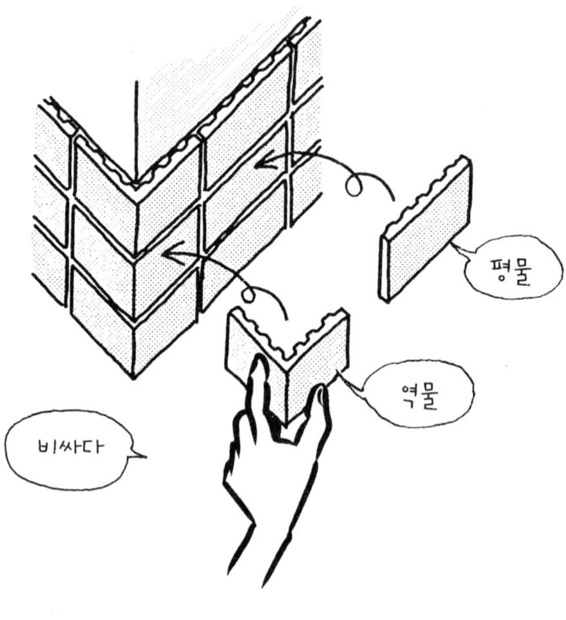

Q 절단면 타일이란?

▼

A 벽돌 절단면(작은 쪽의 절단면) 크기의 타일이다.

연와조는 메이지시대 이래 창고, 공장, 공공건축물에 넓게 사용되어 왔다. 벽돌을 쌓아 만드는 유럽풍 방식은 내화성능은 좋지만 내진성이 약하다. 따라서 외관을 벽돌식으로 한 타일이 RC조의 마무리재로 사용되었다. 당초는 벽돌타일만으로 했지만 현재는 다양한 색조, 재질감의 타일이 판매되고 있다.

타일은 벽돌에 원류가 있기 때문에 부르는 이름도 벽돌에서 유래한 것이 있다. 절단면 타일이란 벽돌의 절단면과 같은 크기로 만들어진 타일이다. 일본어로 고구란 말은 절단면의 의미이고 건축에서 많이 사용되고 있는 용어이다. 벽돌의 절단면은 문자 그대로 벽돌의 가장 작은 면을 가리킨다. 절단면 타일은 벽돌과 마찬가지로 60mm × 108mm 크기이고 두께는 10mm 전후가 많다.

Q 2丁(정) 덧붙임 타일이란?

▼

A 벽돌의 절단면 약 2개분 크기의 타일이다.

벽돌의 크기는 일본에서는 60mm × 100mm × 210mm가 보통이다. 벽돌은 원래 유럽에서 건물을 손으로 만들기 위하여 고안해낸 것이다. 하나하나씩 손으로 쌓아 올리기 위하여 손으로 잡을 수 있는 크기와 무게가 아니면 안 되었기 때문이다. 벽돌은 60mm × 100mm × 200mm 정도의 크기가 일반적이 되었다. 10cm 폭이라면 한손으로 잡을 수 있다. 벽돌의 크기는 각국, 각 지방에 따라 조금씩 다르지만 많이 차이나지 않은 것은 손으로 쌓아 올리는 작업이 같기 때문이다. 60mm × 108mm 절단면을 옆으로 2개 나열하면 60mm × 216mm가 되고 줄눈폭을 더해 60mm × 227mm로 한다. 이 벽돌 절단면 2개분의 가로길이 타일을 2丁(정) 덧붙임 타일이라고 한다. 1丁(정), 2丁(정)이란 두부를 셀 때 사용하지만 여기에서는 두부 같은 형태의 벽돌을 세는데 '丁'(정)을 사용한다. 벽돌 2丁(정)분 크기의 타일이어서 2丁(정) 덧붙임 타일이 된 것이다.

Q 45 · 2丁(정)덧붙임 타일이란?

▼

A 45mm 각의 타일 2장분의 크기(45mm × 90mm) 타일이다.

45mm 각 타일은 아래 그림처럼 5mm의 줄눈을 띠고 붙인다. 그 2장분이란 45mm+5mm+45mm = 95mm가 된다. 따라서 45mm × 95mm가 크기가 된다. 2丁(정)덧붙임 타일인 경우 벽돌 2丁분 크기의 타일을 가리키는 경우와 45mm 각 2丁(정)분의 크기 타일을 가리키는 경우가 있다. 카탈로그를 볼 때 주의해야 한다. 최근에는 45 · 2丁(정)덧붙임 타일 쪽이 많이 사용되고 있다.

45 · 2丁(정)덧붙임 타일은 45 · 2丁(정)이라고 약칭되기도 한다. 또 작은 타일이라는 의미로 모자이크 타일이라고 하는 경우도 있다.

45 · 2丁(정)덧붙임 타일은 30cm 각 정도의 종이에 정리하여 붙이게 되어 있어서 그 시트를 사용해 유닛으로 붙이는 방법이 많이 사용되고 있다. 유닛 붙이기라고도 하고, 넓은 면에 붙이는 경우 능률적인 시공을 할 수 있다.

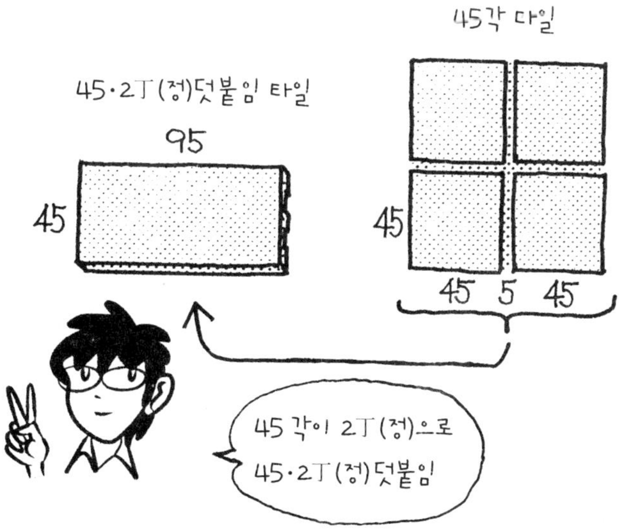

Q 45각 타일과 50각 타일은 같은 것인가?

▼

A 같은 것이다.

타일 그 자체의 크기를 말하는가, 줄눈까지 포함한 크기를 말하는가의 차이이다. 45각이란 타일 그 자체의 치수가 45mm 각이라는 것, 50각이란 줄눈 중심에서 중심까지의 치수가 50mm 각이라는 것이다. 카탈로그에 표시된 치수가 타일 그 자체 치수인지 줄눈도 포함한 치수인지 주의할 필요가 있다. 50각 타일과 같이 100각 타일, 150각 타일, 200각 타일도 줄눈 중심에서 중심까지의 치수를 이르는 명칭이다. 50각 타일, 100각 타일, 150각 타일은 30cm 각의 종이에 붙여서 납입되는 일이 많고, 50각이라면 6×6=36매가 1매분이다. 이미 줄눈 분인 5mm을 띄어 붙였으므로 콘크리트면에 타일을 접착한 후 종이를 벗기고 줄눈에 모르타르를 채우면 붙이기가 완성되고, 작업이 능률적으로 진행된다. 45각(50각) 타일이나 45·2丁(정)덧붙임 타일은 다소 작으므로 얇게 만들어서 가격이 저렴하고, 또 좁은 요철부분에도 커다란 타일에 비해 잘라 붙이기가 쉬우므로 많은 건물에서 사용된다.

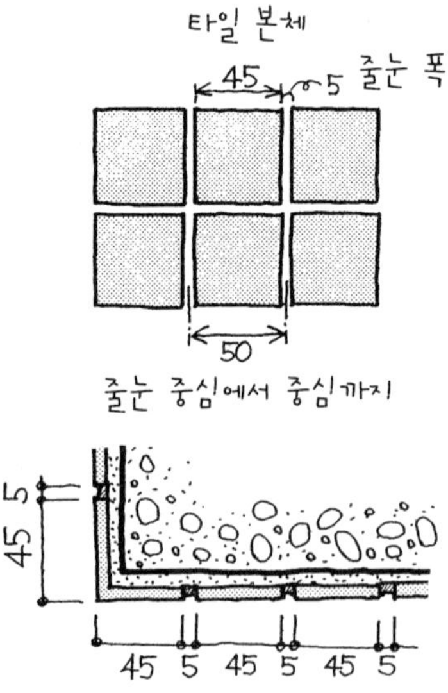

Q 외벽에 사용하는 것은 자기질 타일? 도기질 타일?

▼

A 자기질 타일이다.

도기에는 흡수성이 있으므로 내부에 스며든 물이 얼면 파열되어 타일을 파괴하게 된다. 물은 얼음이 되면 체적이 커지고, 같은 무게라면 얼음쪽 체적이 커지기 때문에 얼음은 물에 뜬다. 물이 얼면 체적이 팽창하는 성질에 의해 수도관이 파열되고, 빗물이 들어간 철파이프의 난간이 팽창하는 등 나쁜 현상이 많이 발생한다. 타일도 같다. 그 때문에 물을 흡수하는 도기가 아닌 물을 흡수하지 않는 자기를 외벽타일로 사용한다. 자기와 도기의 차이는 재료성분인 점토의 양, 규석과 장석의 양, 소성온도 등에 의한다. 그 성분에 따라 자기는 '돌의 물질', 도기는 '흙의 물질'로 불리는 경우도 있다. 자기의 표면은 규석, 장석이 고온에 구워서 유리질이 되고 있다. 일반적으로 그릇은 자기이다. 흡수성이 낮아서 더러움이 타지 않는 자기가 그릇으로 만드는데 적당하다. 외벽타일도 마찬가지이고, 도기질 타일은 건물 내부의 물이 닿지 않는 장소에 사용된다. 설계상 외장이므로 자기, 내장은 물이 닿지 않는 곳이므로 도기 등으로 생각하지 않아야 한다. 타일 메이커의 카탈로그를 보면 외부벽용, 내부의 ○○용 등으로 사용되는 부위가 지정되어 있다. 바닥용은 미끄러지지 않고 두꺼워서 깨지지 않는 등 각각의 특징이 있다. 설계자는 카탈로그를 참조하고, 샘플까지 직접 보고 디자인을 결정해야 한다.

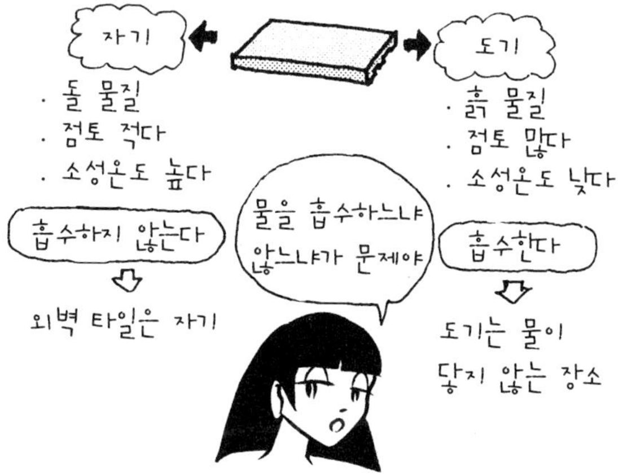

Q 석기질 타일이란?

▼

A **자기질 타일과 비교하여 흡수율은 조금 높지만 비슷한 타일이다.**

석기질(炻器質)이라고 한자로 쓰는 경우도 있다. 자기, 석기, 도기의 차이는 미묘하지만 JIS에서는 흡수율의 차이로 정의하고 있다.

자기 : 1% 이하
석기 : 5% 이하
도기 : 22% 이하

그리고 소성온도로 정의하는 경우도 있다.

자기 : 1,250℃ 이상
석기 : 1,200℃ 전후
도기 : 1,000℃ 이상

흡수율, 소성온도 모두 석기는 자기에 근접한 것을 알 수 있다. 흡수율 면에서 석기는 자기에 약간 열세이다. 석기질 타일은 흡수율에서 실내 · 외 바닥용 타일 등에 사용된다. 클링커 타일은 석기질 타일의 일종으로 식염을 발라 소성하고 표면을 적갈색 유리질로 한 것이다. 표면에 요철을 붙인 두께의 클링커 타일은 바닥용 타일로서 넓게 사용되고 있다.

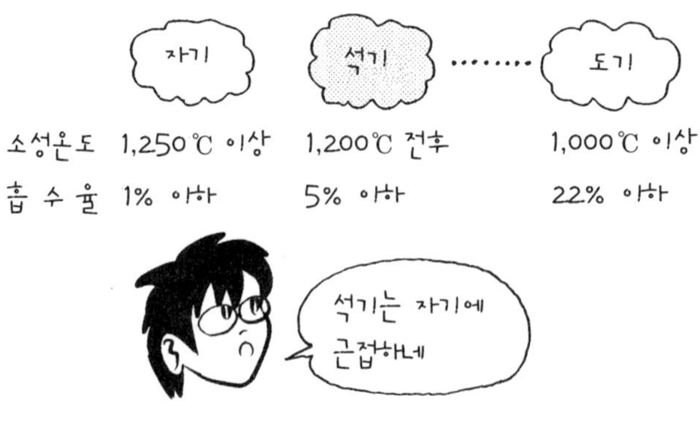

Q 유약(釉)이란?

▼

A 타일을 굽기 전에 바르는 상약이다.

유약은 색이나 광택을 내거나 강도 및 발수성을 증가시키는 것이다.
유약에는 자기 성분과 같이 장석, 규석 등의 성분이 포함되어 있고 타일 표면의 유리질을 강화한다.
유약을 시공하는 것을 시유라고 한다. 유약, 시유는 타일에 함께 사용되는 용어이므로 여기서 한자를 기억해두자.

Q 러스터 타일이란?

▼

A 비단벌레나 진주조개 같은 무지개색의 금속광택을 발하는 타일이다.

산화티탄 등의 금속막을 구워 입힌 타일에서 보는 각도 및 빛의 각도에 따라 다른 색이 된다. 러스터(Luster)란 '광택, 윤' 이라는 의미이고 조개껍질 안쪽에도 러스터 타일처럼 무지개색으로 보이는 부분이 있다.
한때 러스터 타일을 붙이는 것이 유행하여 오피스빌딩이나 맨션 등에 사용되었다. 러스터 타일을 전면에 붙이면 다소 화려한 인상을 준다.

Q 질그릇(설구이) 타일이란?

▼

A 유약을 바르지 않고 저온에서 구운 타일이다.

적갈색의 화분도 질그릇이다. 적갈색, 암갈색, 옅은 갈색, 오렌지색 등의 흙색으로 표면이 거친 자연의 흙에 가까운 느낌을 갖는 타일이다. 자기의 경우는 저온에서 설구이한 후에 유약을 바르고 다음에 고온에서 본구이를 한다. 설구이는 본구이의 전 단계이기도 하다. 질그릇 타일은 테라코타 타일(Terracotta Tile)이라고도 한다. 이탈리아어로 테라(terra)는 흙, 코타(cotta)는 굽는다는 의미이고 합성어로서 구운흙, 질그릇이 된다. 건축에서 테라코타는 커다란 입체적인 장식이나 조각 등을 가리키는 경우도 있다. 그것도 원래는 질그릇에서 입체를 만들었다는 것에서 유래한다. 설구이 타일은 주로 내장 바닥 등에 사용된다. 흙 같은 느낌이 봉당 같이 소박한 디자인으로 탄생한다. 바깥에 사용하는 경우는 흡수성이 있으므로 한랭지는 불가능하다는 등의 조건이 있다. 흡수성이 있고 다공질이므로 쉽게 더러워지므로 표면을 클리어 도장(투명한 도막을 만드는 도장)하는 것도 있다. 필자도 대형 점포에서 멕시코산 설구이 타일을 바닥의 한 면에 깐 적이 있지만 더러움 방지, 깨짐 방지를 위하여 클리어 도장을 전면에 시공했었다. 제품에 따라서는 처음부터 그러한 도막이 되어 있는 것도 있다.

Q 통줄눈(감자줄눈)이란?

A 가로세로에 줄눈이 통하게 붙이는 방법, 쌓는 방법이다.

통줄눈은 줄눈이 통하고 있다는 의미에서 통줄눈이라고도 하고, 감자줄눈으로도 불리는 것은 감자의 뿌리가 종횡으로 되어 있기 때문이다.
벽돌을 통줄눈으로 쌓으면 힘이 바로 아래 벽돌에만 전달되고 분산되지 않으므로 구조적으로는 약하게 된다. 위 1개의 벽돌을 아래 2개 이상의 벽돌로 지탱하도록 하는 방법이 구조적으로는 좋다. 또 줄눈이 통하면 거기에서 깨져 무너질 가능성도 있다.
한편, 타일의 경우는 통줄눈으로 아무런 문제가 없다. 가로세로로 통하므로 붙이기 쉽고 외관도 산뜻하다는 장점이 있다. 45각, 45·2丁 덧붙임 등의 작은 타일은 통상적으로 통줄눈으로 붙인다. 작은 타일을 서로 다르게 붙이면 뒤섞여 있어서 어지러워 번잡해 보이기 때문이다. 서로 다르게 붙이는 것은 커다란 타일이다.

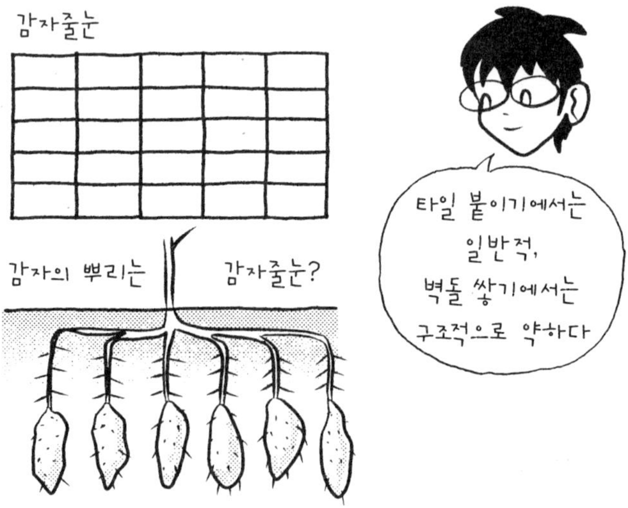

Q 깨진줄눈(말줄눈)이란?

▼

A 세로줄눈만 서로 다르게 붙이는 방법, 쌓는 방법이다.

벽돌 2개 위 양쪽에 걸치는 것처럼 벽돌을 쌓으면 말줄눈이 된다. 벽돌을 승마시키므로 말줄눈이다. 건축에서 승마란 2개에 걸치듯이 타는 것을 가리킨다. 승마 모양으로 벽돌을 쌓으면 구조적으로도 강해진다. 가로줄눈은 나란하지만 세로줄눈은 서로 다르게 하는 방법이 힘이 분산되고 또 줄눈부분이 세로로 일직선으로 깨질 우려도 없어진다. 세로줄눈이 서로 다르게 되어 있어서 길이 깨져 있다는 의미에서 깨진줄눈이라고도 한다. 그 외에 승마줄눈, 말발판 줄눈 등으로 불리는 경우도 있다. 타일을 말줄눈으로 하려면 2丁(정)덧붙임 타일(60mm × 227mm) 같은 횡장이 큰 타일을 사용한다. 커다란 타일을 말줄눈으로 붙이면 벽돌을 쌓은 것처럼 느낄 수 있다.

Q 맹줄눈(잠줄눈)이란?

▼

A 줄눈폭을 좀처럼 잡을 수 없는 줄눈이다.

잠줄눈이라고 쓴다. 눈을 감고 눈을 뜨지 않은 상태, 줄눈이 없는(선 하나) 상태를 가리켜서 잠이라고 한다. 맹줄눈이라고도 하지만 차별용어가 되므로 현장에서밖에 사용하지 않는다. 잠줄눈은 치수를 딱 맞추지 않으면 서로 어긋난 것이 바로 눈에 띈다. 줄눈폭이 있으면 다소 어긋나도 커버된다. 수치나 시공오차의 차이가 있을 수 없다는 결점이 있다. 또 잠줄눈은 물이 들어가기 쉽다는 결점도 있다. 일반적으로 줄눈에 모르타르를 채우므로 깨지지 않는 한 줄눈에 물이 들어가는 일은 없다. 잠줄눈의 경우는 타일과 모르타르를 딱 붙여놓기만 한 것으로 모세관현상으로서 물이 들어가게 된다. 이렇게 외벽타일 붙이기에서 잠줄눈은 일반적으로 사용되지 않는다. 물이 없는 장소나 물이 있어도 상관없는 바깥구조(정원 등) 등에 사용된다.

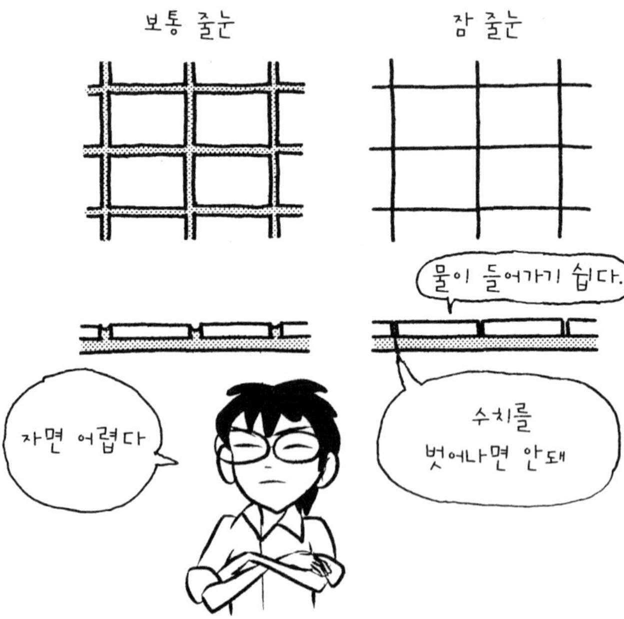

Q 신축줄눈이란?

▼

A 타일 등의 열팽창, 수축력을 피하기 위하여 설치하는 줄눈이다. 신축조정 줄눈이라고도 한다.

타일은 태양열을 받아 팽창 · 수축하므로 여기저기에 균열이 생기게 된다. 타일과 콘크리트는 팽창률이 달라 벽 표면과 속은 온도도 다르다. 이 어긋남에 의한 힘을 어딘가에서 피해줄 필요가 있다. 철도레일의 이음매에 틈새가 있거나 옥상방수의 눌러주는 콘크리트에 일정간격으로 틈새를 주는 것과 같다. 신축 가능한 부분을 만들어두면 거기서 힘을 빼앗아 균열이 생기지 않게 된다. 신축시키기 위해서는 실재에 의한 줄눈을 25mm 정도의 폭으로 만든다. 실리콘계의 실재가 사용된다. 줄눈의 깊이는 구체까지 잘라 넣고, 타일을 붙이는 모르타르도 신축하므로 거기도 잘라 넣는다. 아래 그림처럼 이어치기 줄눈에도 신축줄눈을 넣는다. 이어치기 줄눈은 높이 3~4m마다 들어 있으므로 거기서 신축줄눈을 잡는 것이 보통이다. 실 위에 타일을 붙이면 벗겨지기 쉽고 또 디자인상으로도 크로스가 좋은 장소이므로 신축줄눈을 만들기에 적당하다. 세로 신축줄눈은 역시 3m 정도마다 넣는다. 특히 석양이 비추는 커다란 외벽면에는 반드시 넣도록 한다. RC구체에는 기둥과 벽의 경계 등에 유발줄눈을 넣는 경우가 있다. 대지진 때 균열이 집중되도록 또 기둥과 벽이 일체가 되어 구조적으로 불리한 영향을 미치지 않도록 줄눈을 넣는다. 그 유발줄눈에 맞춰 타일의 신축줄눈을 넣는 경우도 많다.

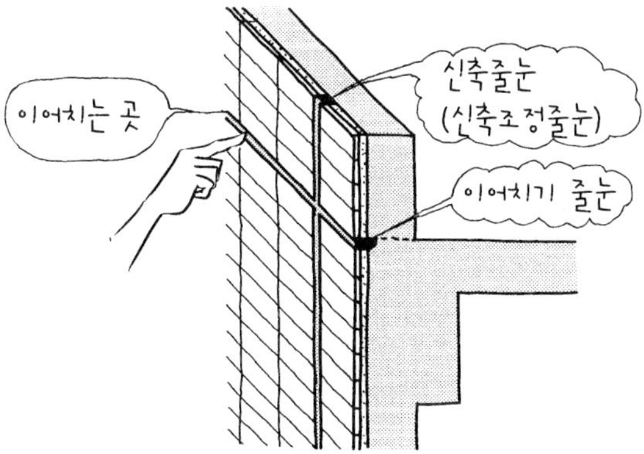

Q 타일 압착붙이기란?

▼

A 붙이는 모르타르를 구체 등의 기초에 바르고, 거기에 타일을 눌러 붙이는 공법이다.

RC구체에 붙이는 모르타르를 바른다. 5~6mm 두께로 2㎡ 정도 바르면 바로 타일을 눌러 붙여나가고, 눌러 붙여 고정시킨 후 줄눈에 모르타르를 채운다. 30분이 넘으면 모르타르가 굳기 시작하고 1시간이 지나면 붙지 않을 수도 있다. 모르타르를 바르고 나서 타일을 다 붙일 때까지의 시간을 오픈 타임이라고 한다. 오픈 타임 내에 다 붙일 수 있도록 붙이는 면적을 결정해야 한다. 타일은 손으로 눌러 붙이지만 나무망치로 두드리기도 한다. 타일을 압착해서 붙이므로 압착붙이기라고도 한다. 바탕에 모르타르를 바르고 타일에는 아무것도 바르지 않으므로 압착붙이기이다. 압착붙이기가 가장 일반적인 타일붙이는 방법이다. 기초와 타일 양쪽에 모르타르를 발라 접착력을 강화시키는 방법을 개량압착붙이기라 한다. 또 타일을 압착할 때 타일 붙이기용 진동기(바이브레이터)를 사용하는 방법을 밀착붙이기라고 한다. 30cm 각 정도의 종이에 타일 몇 장을 붙여서 한쪽에 압착하는 방법은 유닛 붙이기 또는 유닛 타일 압착붙이기라고 한다. 유닛 붙이기는 기초에 모르타르를 발라 그것에 눌러 붙이므로 압착붙이기의 일종이다.

Q 뿜칠 타일은 타일? 도장?

▼

A 도장이다.

뿜칠타일이란 압축공기를 보내어 도료를 분무해서 뿜어내는 방법이다. 스프레이통이나 에어브러시에 의한 도장과 원리와 같다. 스프레이총으로 뿜으므로 총뿜기(간부끼)라고도 한다. 도장인데 왜 뿜칠타일이라고 하냐면 도장 표면이 타일 표면과 비슷하기 때문이다. 반질반질한 표면은 물을 잘 튕겨내고 더러움도 타지 않는 마무리공정이다. 다만, 본 타일에 비하면 역시 더러움이 쉽게 타고 건축 후 15~20년이면 도장을 다시 해야 한다. 초기비용을 절약해서 외관을 그 나름대로 하기 위한 것이라면 효과적인 도장법이다. 뿜칠타일에는 아크릴 수지계, 에폭시 수지계 등의 도료가 개발되고 있다. 또 신축성 있는 탄성이 있으므로 구체쪽의 균열이나 움직임에 대해 신축케 하는 기능의 것도 개발되고 있다. 이것을 탄성 뿜칠타일이라고 한다. 처음에 초벌칠을 하고 그 위에 뿜칠도장, 더욱이 요철모양을 붙이기 위하여 모양을 붙인 롤러를 사용하는 경우도 있다. 표면은 유자껍질 모양, 크레이터 모양, 돌 표면 모양 등 다양하다.

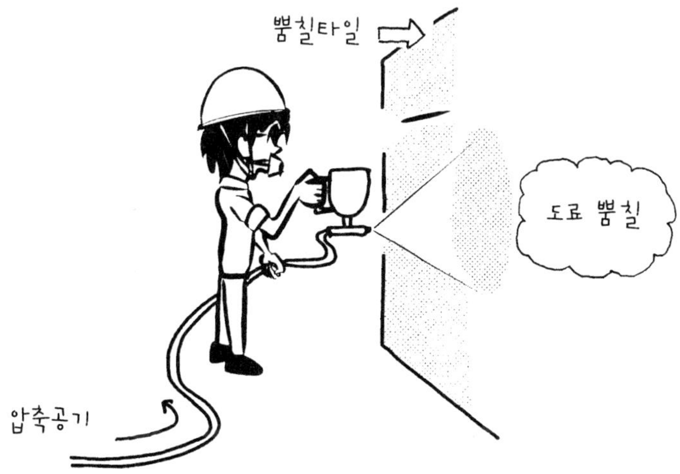

Q 창의 가장자리 아래가 더러운 이유는?

▼

A 창의 아래 대(알루미늄 물끊기판 등) 위에 먼지가 쌓이고 그것이 빗물에 씻겨 흘러내려가기 때문이다.

물끊기판과 벽면에 접하는 가장자리 부분에서 벽을 타고 빗물이 흐른다. 창 아래에는 먼지가 쌓이기 쉽고 더욱이 유리면 등에 붙어 있던 먼지도 함께 외벽면을 따라 흐른다. 더러운 물이 흐르기 때문에 벽도 더러워진다. 벽과 창이 같은 면인 경우는 심하게 더러워지지는 않는다. 또 오피스 빌딩에서 볼 수 있는 전면유리 건물에서는 창 아래만 더러워지는 경우는 없다. 같은 면 새시를 설치한 경우는 턱에 넣는 경우와 비교해서 어려워진다. 수평면인 것으로는 창 아래 이외에도, 파라펫 상부, 베란다 및 외복도의 요벽 상부가 있다. 이러한 부분은 내구배로 해서 빗물은 안쪽으로 흐르도록 한다. 물을 고압으로 뿜어내는 고압세정으로 어느 정도의 더러움은 제거할 수 있지만 도장면이 상하는 경우도 있다. 스팀 세정으로 더러움을 제거할 수도 있다. 더러움이나 녹, 균열 걱정이 그다지 필요하지 않는 건물로 하려면

① 전면타일 붙이기

② 처마, 차양이 나온 형태(될 수 있는 한 RC에서도 물매 지붕 + 처마)

③ 난간 등 노출한 금속은 철이 아닌 알루미늄(가능한 한 스테인리스)

④ 파라펫이나 요벽 상부의 입목은 금속 부품(스테인리스 〉 알루미늄)

⑤ 외복도, 발코니 바닥은 모르타르 방수가 아닌 시트 방수 이상

⑥ 비계발판을 짜지 않아도 유지 · 관리가 가능한 형태 등을 비용을 감안하면서 현실화시킬 필요가 있다.

Q 일본의 건물 외장에 주로 사용하는 돌은?

▼

A 화강암이다.

화강암은 일본 각지에서 채석되고 또 내구성, 내마모성이 뛰어난 점이 주요한 이유이다. 어영석도 화강암의 일종이다. 고베시 미카게의 롯코산에서 채석한 것에서 유래한 명칭이다. 화강암 전반을 가리켜 어영석이라 부리기도 한다. 화강암은 마그마가 굳어서 생긴 화성암의 일종이다.

대리석은 일본에서는 별로 채석되지 않으므로 수입품이 많다. 산에 약한 결점도 있다. 사암은 채석되지만 풍우에도 떨어져나가 붕괴되기 쉽고 내구성, 내마모성에 약하다.

일본 국회의사당의 외벽면 돌은 화강암이다. 석단의 돌도 화강암이 많고 묘석에도 많이 사용되고 있다. 덧붙여 말하면 이집트의 피라미드도 커다란 화강암을 쌓아 만든 것이다. 내구성이 있고 빠지거나 무너지지 않는 화강암은 건축의 외장재로서 널리 사용되고 있다.

Q 그리스 아테네의 파르테논신전, 인도 아그라의 타지마할은 무엇으로 만들어져 있나?

▼

A 대리석으로 만들어져 있다.

대리석은 기존의 바위가 고온, 고압에 의해 변화하여 재결정해서 생긴 변성암의 일종이다. 대리석은 칼슘을 함유하는 알칼리성이므로 산에 녹고, 산성비에 검은 빛을 띠게 되는 등 결점이 있다. 일본에서는 산성비 등의 영향으로 바로 검은 빛을 띠므로 건물의 외부에는 대리석을 사용하지 않는 경향이 있다. 주로 내부의 벽이나 바닥에 사용된다. 파르테논신전에서는 대리석의 원통을 겹쳐 쌓아 원기둥으로 하고 그 위에 대리석 보를 싣고 지붕을 가설한 구조이다.

로마의 콜로세움은 현재, 구조의 벽돌이 드러나지만 당초에는 대리석으로 되어 있었다. 지중해 연안 제국에서는 대리석이 풍부하게 채석되어 대리석을 사용한 건축이나 조각을 많이 볼 수 있다. 타지마할은 벽돌조 위에 하얀 대리석을 덮은 것이다. 인도 북부에서는 적사암이 많이 채석되어 힌두나 이슬람 사원에서는 적갈색의 사암이 깔린 곳을 많이 볼 수 있다. 그 가운데서 타지마할은 광택이 있는 새하얀 아름다움을 자랑하고 있다.

Q 트래버틴이란?

▼

A 호상(縞状) 모양, 호상의 구조를 가진 석회암의 일종이다.

트래버틴(Travertine)은 표면이 대리석과 비슷하지만 엄밀하게는 석회암으로 분류된다. 표면에 호상의 모양이 있는 걸 색깔이 대리석 같은 돌이다. 외관이나 성실이 많이 비슷하여 대리석과 같이 사용되는 경우도 있지만 지학적 분류로는

대리석 → 변성암
석회석 → 수성암
화강암 → 화성암

이 된다. 변성암, 수성암, 화성암의 분류는 돌의 생성과정에 의한 분류이다.

변성암 → 열변성을 받아 생긴다.
수성암 → 물의 작용으로 생긴다.
화성암 → 마그마가 식어서 생긴다.

트래버틴은 석회암이므로 산에 약하고, 산성비로 검은 빛을 띄다. 따라서 일본에서는 외장에 적당하지 않고 내장의 바닥이나 벽 등에 사용된다. 많은 양이 이탈리아에서 온 수입재이다. 트래버틴을 사용한 명작은 루이스 칸에 의한 킴벨 미술관(텍사스주 포트워스, 1972 년)이 있다. 구조로 되는 기둥과 보는 콘크리트 제물 마감, 벽은 트래버틴이다. 소재를 한정하는 품격 있는 건물이다. 트래버틴이나 제물 마감은 건조한 기후, 강한 태양의 텍사스만의 소재나 기법이라고 한다.

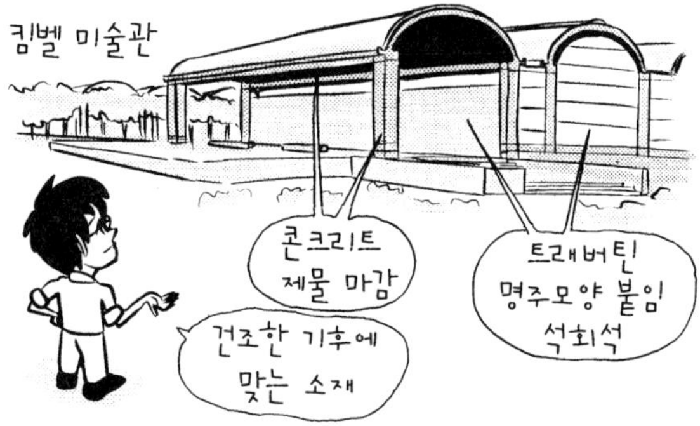

Q 석회석, 대리석이 산에 약한 이유는?

▼

A 주성분인 탄산칼슘($CaCO_3$)이 산에 녹기 때문이다.

석회석이 열변성을 받아 재결정한 것이 대리석이다. 그러므로 트래버틴과 대리석은 색깔이나 모양이 비슷하다. 어느 쪽이나 주성분은 탄산칼슘이다.

석회석(수성암) → (열변성, 재결정) → 대리석 (변성암)

트래버틴의 표면은 다공질로 작은 근육모양의 구멍이 많이 나 있다. 퍼석퍼석한 느낌의 석회석도 재결정하여 대리석이 되면 단단하게 죈 광택 있는 돌이 된다.

탄산칼슘은 알칼리성(염기성)으로 산과 중화해서 투명한 액체로 된다. 공기 중에 있는 이산화탄소(CO_2)는 산성으로서 비와 물이 같이 섞여서 돌의 표면에서 내부로 침투하며, 탄산칼슘과 물, 이산화탄소가 화학반응을 일으켜 탄산수소칼슘으로 되어 물에 녹는다.

$CaCO_3 + H_2O + CO_2 = Ca(HCO_3)_2$ (가용성)

표면이 거무스름하게 되는 것은 공기 중이나 돌의 내부 물질이 그 수용액에 녹아 나와서 건조할 때에는 표출하기 때문이라는 생각이 든다. 또 표면이 산으로 침식되므로 광택 있는 평활한 면이 울퉁불퉁, 푸석푸석하게 된다. 비가 많은 일본에서는 대리석이나 트래버틴도 외벽에는 결코 적당하지 않다.

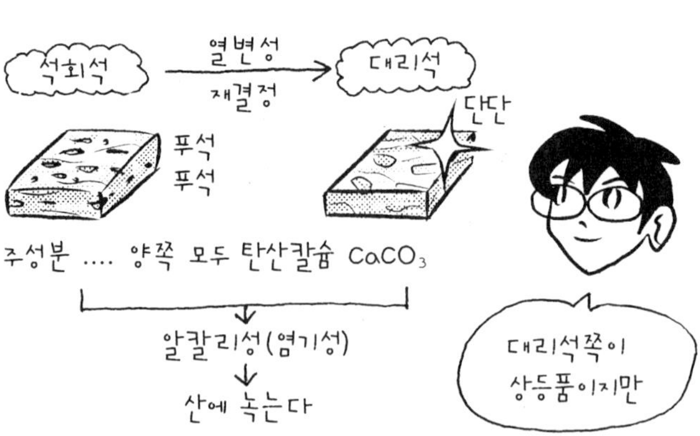

Q 사문암이란?

▼

A **뱀 같은 문양을 갖는 짙은 녹색 돌이다.**

대리석을 녹색으로 하여 뱀의 하얀 얼룩 모양을 붙인 것 같은 느낌의 돌이다. 치밀하고 가볍고, 광택도 있다. 사문암은 화성암이 변성하여 생성된 변성암이다. 건축에서는 내장의 바닥, 벽 또 테이블 윗부분 등에 쓰이고 차분하고 은근한 멋의 인테리어에 잘 맞는다. 사문암은 모양 부분에서 흡수하기 쉽고, 깨지기 쉽다는 등의 이유로 주로 내부에 사용된다. 외장용에는 적당하지 않고 사용한다 해도 까는 돌 정도이다.

문양이란 모양과 엇비슷한 뜻이지만 같은 무늬를 반복 · 되풀이함으로써 구성되도록 한 모양을 말한다.

Q 사암이란?

▼

A 모래가 수중에 퇴적해서 굳은 수성암(퇴적암)이다.

표면은 모래 경향이 강하고, 샌드페이퍼(사포)처럼 까칠까칠하다. 광택은 없다. 흡수성이 있어 비가 많은 일본에서는 외장으로 사용하지 않는다. 물이 스며들어 동결하면 체적이 팽창하여 파열된다. 또 표면이 까칠까칠하므로 더러움이나 곰팡이가 슬기 쉽고 모래와 비로 인해 바로 거무스름해진다. 또 표면이 쉽게 떨어지므로 바닥재로는 맞지 않지만 내화성, 내산성은 뛰어나 사암은 주로 내부 벽재로 사용된다.

화성암, 수성암(퇴적암) → (변성) → 변성암

외벽에는 화강암이 적당하다. 화강암, 석회석, 트래버틴, 사암, 대리석, 사문암을 우선 기억해두자. 설계단계에서 결정을 내리지 못하면 화강암을 사용하는 것이 무난하다.

Q 테라조블록이란?

A 분쇄한 자연석을 하얀 시멘트 등으로 굳힌 인조석판이다.

대리석이나 화강암의 두꺼운 블록은 비용이 비싸게 든다. 그래서 자연석을 분쇄하여 하얀 시멘트나 수지로 굳혀 표면을 갈아서 자연석 풍으로 한 것이 테라조블록이다. 외관이 대리석에 가까우므로 인공대리석이라고 불리기도 한다.(인공대리석 중에는 자연석을 사용하지 않는 것도 있다) 테라조블록은 주로 내장 마무리 공정에 사용되고 출입구, 수영장 사이드, 욕실, 화장실 바닥이나 사이 칸 막음, 요벽이나 난간 입목 등에 많이 사용되고 있다. 제품에 따라 물에 강하고, 키친 카운터의 윗부분에 사용되는 경우도 있다.
테라조(Terrazzo)란 원래는 이탈리아어로 자연석을 곱게 갈아서 그것을 바닥 등에 깔고 채우는 모자이크 마무리 공정이다. 자연석 모자이크 마무리 공정은 지금도 테라스, 수영장이나 욕조 마무리 등에 사용된다.

Q 세출이란?

A 옥석, 쇄석 등을 모르타르와 함께 위에 바르고 그 후에 물을 분사해서 표면의 노로(시멘트와 물)를 취해 돌의 요철을 나오게 하는 마무리 공정법이다.

모르타르+종석의 표면을 물로 씻어 종석을 나오게 하는 것으로 세출이라고 한다. 물로 씻을 때는 쇄모, 와이어 브러시, 분무기 등이 사용된다.
세출하여 사용되는 돌은 커다란, 옥석, 가는 옥석, 자갈, 쇄석 등 다양하다. 돌의 형태, 색, 텍스처의 차이 등에서 여러 가지 모양을 만들어낼 수 있다. 노로를 잡으면 표면에 돌의 요철이 나온다. 이 요철이 돌의 모양이 되고 포장에서는 미끄럼방지도 된다.
주로 외부 포장에 사용되지만 현관 바닥에 사용하는 경우도 있다. 와카야마현 · 나치의 검은 옥석을 세출하여 마무리한 현관봉당도 일반적으로 널리 볼 수 있다. 벽에 부분적으로 사용되는 경우도 있다. 또 콘크리트 표면을 세출해서 자갈을 보이게 하는 경우도 있다.

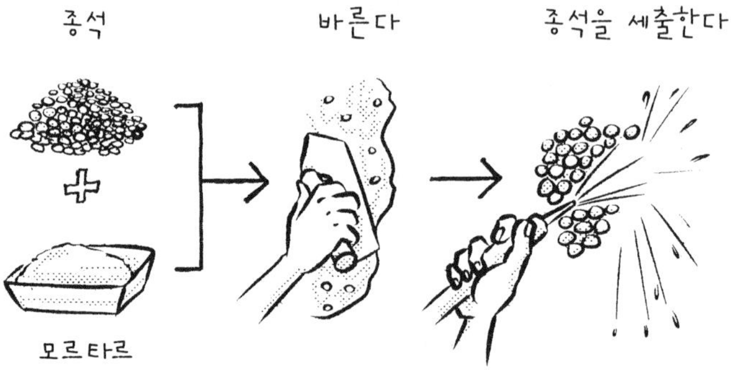

Q 버프란?

A 돌 등을 연마하기 위하여 펠트, 우레탄 등으로 만든 봉이다.

원뜻으로는 연마하기 위하여 가죽을 씌운 봉 등을 가리킨다. 지금은 드릴처럼 회전하는 기계를 사용하므로 연마봉을 가리켜 버프(Buff)라고 하며 버프에 의한 연마를 버프 마무리 공정이라 한다.
돌, 금속, 나무 등은 버프 종류를 바꿔 연마할 수 있다. 돌의 경우는 반질반질한 광택이 있는 표면 마무리공정이 된다. 돌의 버프 마무리는 본 연마공정에서 행해진다. 돌의 본 연마공정이란

粗연마(거칠게 연마하기) → 물 연마(중간 연마) → 본 연마

의 순으로 한다. 각각 연마하는 가는 돌, 그라인더 등의 연마기구가 있다. 거친 연마기구 → 가는 연마기구로 서서히 바꿔서 마지막에 버프한다.
돌의 본 연마공정은 돌 표면을 반질반질하게 하는데 가장 많이 사용되는 돌 마무리법으로 벽, 평평한 윗부분 등에 사용하는 돌에 행해진다. 울퉁불퉁함이 적고, 먼지도 끼지 않고 물이 흐르기 쉬워서 외벽에 자주 사용된다. 다만, 미끄러지기 쉬우므로 바닥에 사용하는 것은 피해야 할 것이다.

Q 부시해머란?

▼

A 아래 그림처럼 작은 피라미드 모양이 모인 망치이다. 돌의 부시해머 마무리공정에 사용한다.

부시해머란 돌을 부시해머로 두드려서 표면에 작은 요철을 만드는 마무리 공정이다. 부시해머란 그 전용에 사용하는 망치이다.

부시해머로 두드린 후 작은 두드리기용 날로 두드린 것이 작은 두드리기 마무리공정이다. 돌의 표면에는 날의 횡근이 생긴다. 돌의 마무리 방법 중에서는 가장 단가가 높은 고급스런 마무리 공정이다.

Q 가른 면 마무리란?

▼

A 돌을 가른 채로 다듬지 않는 공정이다.

돌의 거친 소재감과 요철이 있는 텍스처가 나는 마무리법이다. 거칠고 울퉁불퉁한 표면이 된다. 100mm × 300mm × 30mm 정도의 갈라낸 면 블록을 만들고 그것을 타일 모양으로 외벽에 붙이는 경우도 많이 행해지고 있다. 블록이 작아서 가격은 싸게 먹힌다. 또 담, 문주, 부석 등에도 갈라낸 면이 많다. 갈라낸 면 마무리는 본연마 마무리 공정과 함께 많이 사용되고 있다. 돌을 가를 때는 쐐기가 사용된다. 망치로 위에서 두드려서 양측 날이 좌우로 분리되어 돌을 가른다. 또 돌을 가르는 대형 기계도 있다. '가르다'는 말과 '자르다'의 말은 다르다. 가르는 경우 쐐기를 쳐넣고 가르지만 자를 때는 다이아몬드 커터를 사용한다. 커터로 자르는 경우는 회전한 날 자국이 돌에 남고 갈라냈을 때 같은 면의 느낌은 없다. 갈라낸 면의 요철을 더욱 극단적으로 한 것이 혹만들기 마무리이다. 혹만들기 마무리는 갈라낸 면보다 더욱 커다란 혹처럼 울퉁불퉁하게 만드는 방법으로 옛날의 돌바르기 건물에 많이 사용된다. 커다란 요철을 위해 돌 본래의 거칠음이 강조되어 마치 돌을 쌓아 만든 것처럼 또는 자연암처럼 보인다.

Q 제트 버너 마무리란?

▼

A 돌 표면을 제트 버너(Jet Burner)로 태워 표면에 작은 요철이 생기게 하는 마무리법이다. 버너 마무리라고도 한다.

돌 성분의 석영, 장석 등의 융점, 팽창률이 다르기 때문에 날려가는 부분과 남는 부분이 생기고 표면에 가는 보풀이 일고 작은 요철이 생긴다. 돌은 바닥에 사용하면 미끄러지기 쉽지만 버너 마무리를 해서 거칠게 하면 미끄러지지 않는 효과가 생긴다. 부시해머 두드리기나 작은 두드리기 정도로 일손이 많이 들지 않고 미끄럼방지 효과는 더 커서 많이 사용되고 있다. 열을 가하므로 돌의 두께는 3cm 이상 필요하다. 표면을 거칠거칠, 오톨도톨하게 하려면 샌드블라스트 마무리도 있다. 가는 철사를 분사해서 표면에 가는 흠집을 내는 방법이다. 샌드블라스트는 돌만이 아니라 금속마무리에도 사용된다. 요철의 작음, 결이 작은 순서는 아래처럼 된다.

본연마 < 샌드블라스트 < 제트 버너 < 작은 두드리기 < 부시해머 < 가른 면 < 혹만들기

그 외에도 다양한 방법이 있지만 위의 7종류를 우선 기억해두자.

Q 건식 돌붙이기란?

▼

A 아래 그림처럼 금속제의 죔쇠로 석판을 고정시키는 공법이다.

우선 스테인리스 L자형의 금속 부품(앵글)을 콘크리트면에 앵커한다. 이를 1차 죔쇠라 한다. 다음에 다보 핀을 붙여서 2차 죔쇠를 돌의 다보구멍에 꽂은 후 1차 죔쇠 볼트로 고정한다. 다보란 목조건축 용어에서 왔다. 다보는 부재를 작게 해서 꽂는 쪽, 다보구멍은 꽂히는 쪽이다. 돌에 뚫린 둥근 구멍에 다보 핀을 꽂아 돌이 움직이지 않도록 하는 구조이다. 돌의 무게도 죔쇠로 지탱한다. 돌들의 틈새에는 실링한다. 이렇게 모르타르를 사용하지 않고 고정하는, 즉 물을 사용하지 않는 공법을 건식공법이라고 한다. 반대로 모르타를 돌의 안쪽에 충전하는 공법은 물을 사용하므로 습식이라고 한다. 여러 가지 공사에서 물을 사용하는 방법을 습식, 사용하지 않는 방법을 건식이라고 한다. 일반적으로 건식은 습식보다 신뢰성이 높고 시공도 용이하다. 모르타르를 돌과 벽 사이에 채우는 습식에 의한 돌붙이기는 최근에 그다지 이용되지 않고 건식이 주류를 이루고 있다. 다만, 건식에 의한 돌붙이기도 벽의 최하부에서는 충격에 의해 돌이 갈라지는 것을 막기 위하여 모르타르를 충전해서 습식으로 한다.

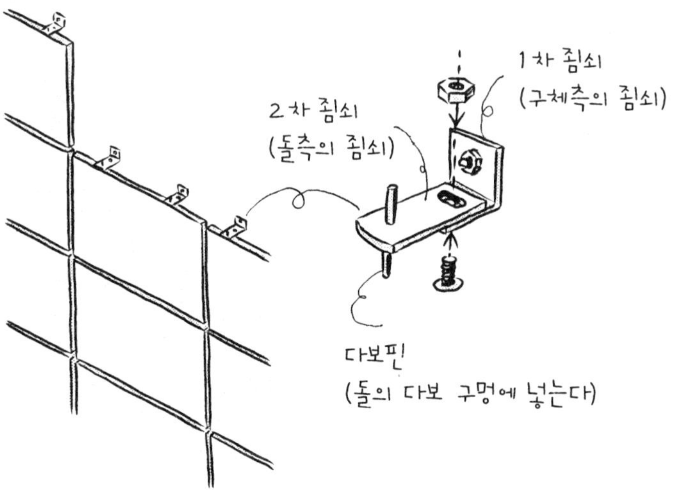

Q 본 도료를 하기 전에 도료가 밀착되도록 기초(下地)에 바르는 애벌칠 약품을 뭐라고 하나?

▼

A 실러, 프라임 등이라고 한다.

실(Seal)은 실링한다, 봉인한다, 막는다는 의미이다. 실러(Sealer)는 실링하는 것으로 기초의 작은 구멍이나 요철을 실링해서 매끈하게 하고 도료를 잘 할 수 있게 하는 애벌칠 도료, 하지조정제이다.
프라임은 제1의 최초라는 의미이다. 프라이머(Primer)란 최초로 바르는 약품으로 역시 애벌칠 도료이다. 실러, 프라이머는 거의 같은 뜻으로 사용된다.
필러(Filler)는 필(Fill)하는것, 채운다는 의미로 실러나 프라이머와 달리 커다란 구멍을 막는 하지조정제이다.
실러, 프라이머와 같이 사용되는 경우도 있다.

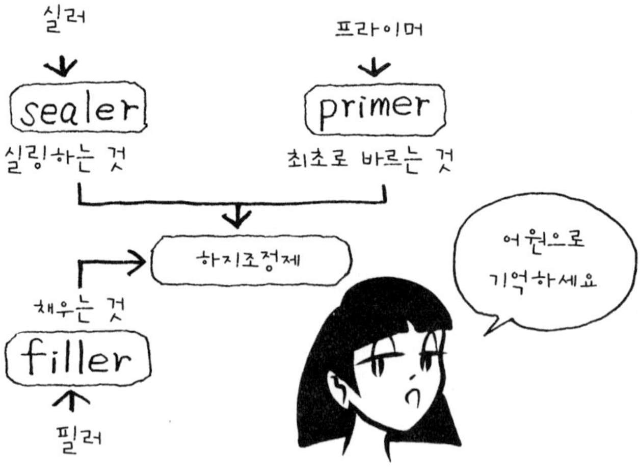

Q 합성수지 에멀션 페인트란?

▼

A 수지가 물 속에 유탁한 수성도료이다.

에멀션이란 우유나 마요네즈, 목공본드 같은 유탁한 액체이다. 기름과 물 같은 혼합되지 않는 액체 등이 분산해서 융합하는 상태이다.

합성수지 에멀션 페인트는 합성수지(기름)가 물 속에서 분리하지 않고 분산되어 유탁액이 된다. 물이 건조하면 합성수지만이 남아서 도막이 된다.

합성수지 에멀션 페인트는 에멀션 페인트, 에멀션 도료, 수성도료라고도 불리고, 에멀션 페인트(Emulsion Paint)를 줄여서 EP라고 쓰이는 경우도 있다.

EP는 콘크리트면, 모르타르면, 석고보드면, 나무에 적합하고, 금속면에는 적합하지 않다. 'EP는 금속은 X'라고 여기에서 기억해두자. 수성이라고 해서 외장에 적당하지 않은 것은 아니고 최근에는 적극적으로 외부에도 사용된다. 또 그러한 제품도 많이 개발되고 있다. 신너 같은 유기용제는 냄새나 건강면에서 문제가 되므로 수성도료가 많이 사용되게 되었다.

Q 광촉매 도료란?

▼

A 자기세정력(셀프 클리닝 효과)을 갖는 광촉매를 넣은 더러움이 타지 않는 도료이다.

광촉매란 빛이 닿으면 강한 산성작용을 갖는다. 초친수성 작용을 갖는 촉매이다. 촉매란 자신은 변하지 않고 반응 등을 촉진하는 물질이다. 산화티탄(TiO_2)이 광촉매로 사용된다. 의 초친수성 작용이 건축에서 응용되고 있다. 초친수성이란 물을 튕겨내어 물방울로는 만들지 않고 물과 융합되어 졸졸 흐르도록 하는 작용이다. 도막에 기름 등의 더러움이 끼면 물을 뿌려도 좀처럼 닦아내기 어렵다. 광촉매의 작용으로 친수성이 증가하면 물이 표면을 흐르기 쉬워지고 기름을 함께 흐르게 한다. 빗물로 마음대로 청소를 해준다는 셀프 클리닝효과, 자기세정효과가 있다. 수성인 에멀션 페인트 등에 광촉매를 넣은 제품이 개발되고 있다. 光+水로 표면의 더러움을 흐르게 해주는 것이지만 이 도료에 얼마나 효과가 있는지는 실제로 알지 못한다. 즉 과도한 기대는 금물이다. 도료에는 광촉매 외에 방곰팡이제를 넣는 것도 많이 있다. 북측 입면 등의 해가 닿지 않는 벽은 검은 곰팡이가 끼기 쉬워 방곰팡이제도 유효하다. 단, 그것도 수년이 지나면 곰팡이가 끼게 된다. 도장면은 타일면만큼 깨끗하게 유지되지 않는다. 광촉매는 도료 외에 타일, 유리, 비닐 클로스 등에 응용되고 있다. 아무튼 더러움이 끼기 어렵고 물이 흐르기 쉬운 장점이 있다.

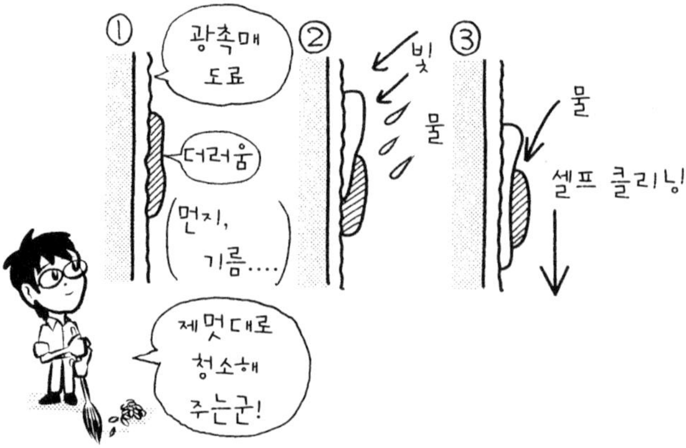

Q 합성수지조합 페인트란?

▼

A 안료를 기름과 수지로 합성한 유성도료이다. 약자는 SOP(Synthetic Resin Oil Paint)이다.

안료란 색깔을 내는 재료이다. 안료를 기름으로 녹인 오일페인트(OP)는 소위 페인트로 널리 사용되고 있지만 건조가 늦고, 도막열화가 빠르다는 등의 결점이 있다. 그것을 커버하기 위하여 프탈산수지를 첨가한 것이 합성수지조합 페인트이다. '합성수지를 OP에 조합한 페인트' 라는 것으로 합성수지조합 페인트라고 불린다. SOP는 가격이 싸므로 널리 사용되고 있지만 다른 수지도료에 비해 내구성이 떨어진다. 도장비용 대부분은 인건비이므로 SOP보다 내구성이 높은 도료를 사용해야 할 것이다. SOP는 철, 나무에는 적합하지만 콘크리트 및 석고 등 알칼리 면에는 적당하지 않다. EP, SOP 약자와 함께 소재에 따라 적당, 부적당 여부를 여기서 기억해두자.

Q 비닐 페인트란?

▼

A 안료를 염화비닐수지와 용제로 조합한 도료이다.

염화비닐수지 도료, 염화비닐에나멜 등으로 불리고, VP(Vinyl Chloride Resin Paint)라고 줄여 부르기도 한다. 내수성, 내유성, 내약품성에 뛰어나고 콘크리트, 철, 나무 등 어디에도 바를 수 있지만 신너의 강한 용제냄새가 있어서 실내에서는 사용하지 않는다. 용제인 신너가 발휘해서 욕실 도장중에 중독사하는 사고가 많이 발생했기 때문이다. 수성도료의 성능도 좋아지고 실내의 VP는 수성도료(EP)로 바뀌는 추세이다. 실외에서는 콘크리트면, 처마 천장면, 빗물홈통, 위아래 물의 염화비닐관 등에 사용된다. 광택이 있는 반들반들한 표면이 되지만 반광택, 광택이 없게 하는 경우도 가능하다. 반광택, 광택이 없게 하면 내구성이나 내수성이 약간 떨어진다. 유기용제를 다량 함유하는 VP는 용제냄새 등이 꺼려지고, 실외에서도 사용하지 않는 경향이 있다. 고기능의 수성도료(EP)가 크게 대두하고 있는 현상이다.

Q 수지 도료에는 어떤 것이 있나?

▼

A 불소 수지 도료, 실리콘 수지 도료, 우레탄 수지 도료, 아크릴 수지 도료, 프탈산 수지 도료 등이 있다.

수지란 인공적으로 만들어진 분자가 많이 모인 고분자화합물이다. 각각 복잡한 화학식으로 만들어져 있다. 수지 그레이드는 불소를 최고급으로 해서

불소 수지 > 실리콘 수지 > 우레탄 수지 > 아크릴 수지 > 프탈산 수지

의 순서이다. 불소 수지가 가장 내구성이 높고 프탈산 수지는 내구성이 낮다. SOP도 프탈산 수지를 사용하고 있지만 프탈산 수지 도료보다도 내구성은 떨어진다. 비용도 대략 이러한 순서이고 현장에서의 비용조정에서도 거의 같다. 물론 사용 부위나 재료에 따라 달라진다.

수지의 종류 외에 1액성, 2액성이라는 구분도 있다. 1액성 도료란 통 하나에 들어 있는 도료이고 그대로 도장에 사용한다. 2액성 도료란 2통의 액체를 혼합해서 도장하는 것이다. 혼합해서 반응을 촉진시키기 때문에 보다 내구성이 높은 도료를 만들 수 있다. 도료 메이커가 내놓고 있는 수지 도료에는 다양한 효능이 쓰여 있다. 그러나 실제 성능은 세월이 지나지 않으면 알 수 없다. 더욱이 하지조정의 방법이나 시공 정도 등에도 좌우된다. 조합되어 통에 넣어져 오는 도료는 극단적으로 말하면 블랙박스인 것이다. 메이커 이외의 사용자가 항상 체크하지 않으면 안 된다.

Q 에폭시 수지 도료란?

▼

A **안료를 에폭시 수지와 용제 등으로 조합한 도료로 내약품성, 내수성, 내열성이 뛰어나다.**

전항에서 열거한 5종류의 수지도료 외에 특수용도에 사용하는 에폭시 수지 도료가 있다. 내약품성, 내수성, 내열성, 전기절연성이 뛰어나므로 공장이나 실험실 바닥, 벽 등에 사용된다.

내수성, 부착성이 뛰어나기 때문에 녹방지용이나 선박용 도료도 있다. 부착성이 좋으므로 도료가 어려운 알루미늄이나 스테인리스 도장에도 사용된다. 도막이 강하기 때문에 골프공의 도장에도 사용된다.

2액형 접착제에도 에폭시 수지는 사용된다. 접착제에도 사용될 정도의 접착력, 부착력이 에폭시 수지에는 있는 것이다. 에폭시 수지 도료는 수지 도료 중에서 특수한 도료라 할 수 있다. 콘크리트, 철, 아연도금, 알루미늄, 스테인리스, 나무에 도장이 가능하다.

Q 스테인이란?

▼

A 나무접착제이다. 나무의 내부에 침투해서 도막을 만들지 않고도 나무의 본 성질을 살린 착색으로 할 수 있다.

스테인에는 유성 스테인(오일 스테인)과 수성 스테인이 있다. 둘 다 나무 내부에 침투해서 나뭇결, 나무눈을 남기고 착색할 수 있다.
스테인(Stain)이란 원래 염료, 착색료이다. 목재 보호 기능도 있지만 내부에 스며들어 표면에 도막을 만들 수 없으므로 내후성에 약하다.
오일 스테인으로 착색한 후 표면에 투명도막을 만드는 투명도료(클리어)를 위에 덧바르면 내후성, 내수성이 좋아지고 더러움도 타지 않게 된다.

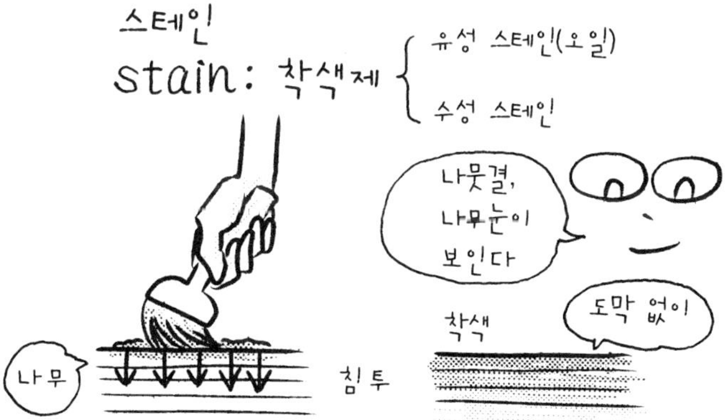

Q 와니스(니스)란?

▼

A 목재표면을 보호하기 위하여 칠하는 무색투명의 도막을 만드는 덧칠용 도료이다.

바니시(Varnish)가 어원이다. 바니시에서 와니스, 와를 생략하여 니스로 불리게 되었다. 투명하기 때문에 클리어(Clear)라고도 한다.
투명한 도막을 만들어 표면을 보호하므로 나뭇결이나 나무눈을 살리고 싶은 목제품에 자주 사용된다.
목재에 칠하는 와니스만이 아니라 투명한 도료나 안료를 섞기 전의 투명한 액체를 가리켜 와니스라든지 클리어로 부르는 일도 있다.
와니스는 기름과 유지와 용제로 구성되어 있다. 열이나 약품에도 강한 우레탄 수지를 배합한 우레탄 와니스가 많이 사용되고 우레탄 클리어라고도 불리고 있다.

Q 슈랙이란?

A 랙깍지진디의 껍질에서 추출된 수지로 슈랙 와니스나 래커의 원료가 된다.

랙깍지진디는 중국, 인도, 태국 등에 생식하는 벌레이다. 조개껍질에 발이 잔뜩 달린 것 같은 벌레로 암놈은 산란기에 껍질을 만든다. 그 껍질에서 추출된 수지가 슈랙이다. 판매되고 있는 슈랙은 플레이크 모양의 고체이다. 슈랙 와니스라고도 불린다. 투명도료(클리어)로 알코올에 넣어 녹여서 목제 가구의 도장 등에 사용한다. 칠하고 연마하기를 반복하면 광택 있는 단단한 도막을 만들 수 있다. 슈랙을 신너 등의 강한 용제에 녹인 것이 래커이다. 래커란 명칭은 랙깍지진디의 랙에서 왔다. 다만, 그것은 어디까지나 래커의 이름 유래로 현재의 래커는 슈랙이 아닌 아크릴 수지 등을 사용한 것이 많은 것 같다.
투명한 클리어 래커는 건축공사에서도 자주 사용되고 있다. 오일 스테인으로 착색하고 표면을 클리어 래커를 칠해 도막을 만든다.
오일 스테인은 OS, 클리어 래커는 'CL'의 약자로 쓰며, 오일 스테인 클리어 래커칠은 OSCL이라고 표기한다.

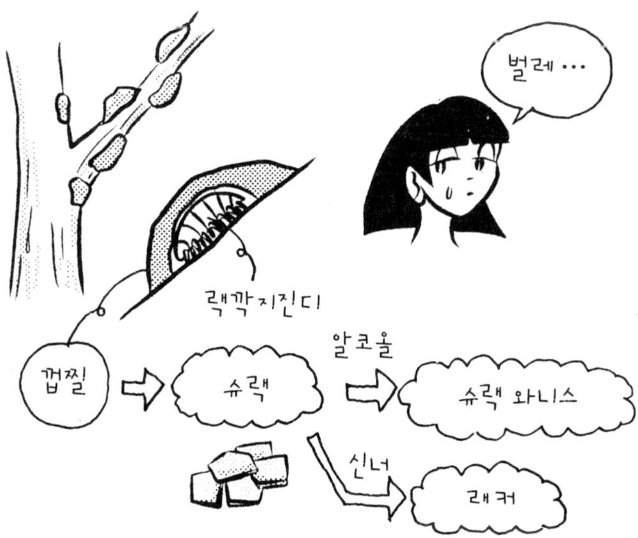

Q 에나멜 도료란?

▼

A **불투명하고 광택이 있는 도막을 형성하는 안료를 포함한 도료이다.**

에나멜(Enamel)은 유리질의 법랑이 원뜻이다. 이의 표면도 에나멜질이다. 반들반들한 색을 띠는 불투명한 도막으로 된 도료이므로 에나멜 도료라고 부르는 이유이다. 광택이 있는 평활한 도막, 유리질 같은 도막으로 되는 도료가 에나멜 도료이다. 매니큐어 등이 에나멜이라고 불리는 것은 그 때문이다. 안료를 포함하는 ○○수지도료는 ○○에나멜이라고도 불린다. 불소 수지 에나멜, 실리콘 수지 에나멜, 우레탄 수지 에나멜, 아크릴 수지 에나멜, 프탈산수지 에나멜, 에폭시 수지 에나멜 등이다. 클리어 래커가 투명한 도막인데 비해 래커 에나멜은 불투명한 도막이다.

가죽제품 등에서 에나멜이라고 불리는 것은 가죽의 표면에 에나멜 도료를 칠하고 광택을 강하게 하는 가공을 한 것이다.

또 에나멜 도료는 광택이 특징이지만 광택 있고, 광택 없고, 반광택으로 조정도 가능하다.

Q RC조 구분소유 맨션에서는 집과의 경계벽은 무엇으로 되어 있나?

▼

A RC로 되어 있다.

구분소유란 토지는 공유, 건물 본체도 공유하고 벽에 둘러싸인 내부공간만 전유하는 권리이다. 특수한 소유권이라고 말할 수 있다.
전유하는 공간을 확실히 하기 위해 경계벽에는 RC가 바람직하다. 간단하게 움직이지 않고, 무너지지 않고, 잘라지지 않고, 타지 않는 것이다. 예를 들면 토지 경계가 애매하게 되는 것과 마찬가지로 커다란 트러블이 원인이다. 철골조(S조)에서는 콘크리트판 등을 경계벽으로 하는 일도 있지만 결국은 움직이지 않고 무너지지 않고 타지 않는 재료로 구분한다.
중 · 소규모의 구분소유 분양맨션에서는 RC조벽으로 둘러싸는 것이 일반적이다. 천장 슬래브와 바닥 슬래브도 물론 RC조이다.
콘크리트로 둘러싸인 부분만이 전유공간인 것이다. 벽 자체, 슬래브 자체는 공유가 된다.

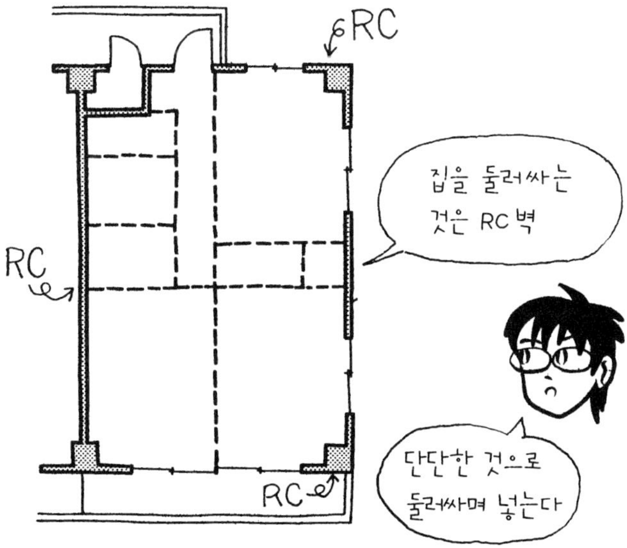

Q RC조 구분소유 맨션에서는 집 내부 사이 칸막이벽은 무엇으로 되어 있나?

▼

A 나무기초나 경량철골 기초로 되어 있다.

라멘구조의 경우는 모든 벽이 나무기초나 경량철골기초(경철기초)로 만들어졌다. 벽구조에서 집 내부에도 RC벽이 필요한 경우는 그 부분만 RC조로 그 외에는 역시 가벼운 재료로 만들어져 있다. 집 내부의 벽까지 RC조로 하면 그 무게를 지탱하기 위해 슬래브 밑에 보를 붙일 필요가 생기고 비용이 많아진다. 또 나중에 리폼을 해서 내부의 평면을 바꾸고 싶은 경우에도 RC조 벽은 간단하게 부술 수 없다. 나무기초 등의 가벼운 벽이라면 부수는 것은 간단하다. 나무기초벽은 기둥을 2개로 나누고, 3개로 나눈 정도의 사잇기둥용 부재를 30~45cm 간격으로 배열하고 그 양측에 보드를 붙인다. 경량철골 기초벽은 얇은 철판을 구부려 만든 C형 단면의 사잇기둥을 역시 30~45cm 간격으로 배열하여 양측에 보드를 붙인다. 이렇게 만든 가벼운 벽은 차서 날리면 무너질 정도의 강함이 없다. 사이칸막이벽에서 소리가 빠져나오는 것을 막기 위하여 보드를 겹붙이기 하여 벽의 그레이드를 올릴 필요가 있다.

Q 단열재와 외단열의 차이는?

▼

A 단열재가 RC 구체의 안쪽에 있는가 바깥쪽에 있는가의 차이이다.

폴리스틸렌 폼, 발포우레탄, 유리 솜 등의 열이 통하지 않는 재료를 RC 외벽에 붙이는가, 안에 붙이는가의 차이이다.

비용이 허락된다면 RC에서는 외단열이 뛰어나다. 우선 건물의 내구성이 매우 다르다. 태양열, 비 등이 직접 RC구체에 닿지 않으므로 구체 그 자체의 손상은 적다. RC의 내단열은 열팽창 · 수축을 반복하고 비가 침투하여 철근을 녹슬게 하는 등의 문제가 발생하여 손상이 매우 심해진다.

방의 열환경도 외단열쪽이 뛰어나다. 난방을 하면 RC구체도 따뜻해진다. 바깥쪽에 담요를 두르고 있는 듯한 상태이므로 한번 따뜻해진 RC구체는 좀처럼 식지 않는다. 난방되기는 어렵지만 시즌 전체를 통해 구체가 따뜻하므로 구체 자체의 온도변화가 적고 실내는 쾌적하다. 한편, 내단열은 내부의 공간만 따뜻하게 되고, 바로 따뜻해지는 점은 있지만 따뜻한 공기만으로는 바로 식어버린다. 또 내단열에서는 결로가 생기기 쉬운 결점도 있다. 내단열에서는 RC벽 표면이 차가우므로 바깥으로 나가려는 수증기가 거기서 멈추어 물방울이 된다. 단열재의 안쪽에서 결로(내부결로)처리가 곤란한데다 곰팡이도 발생하여 실내 공기오염의 원인도 된다.

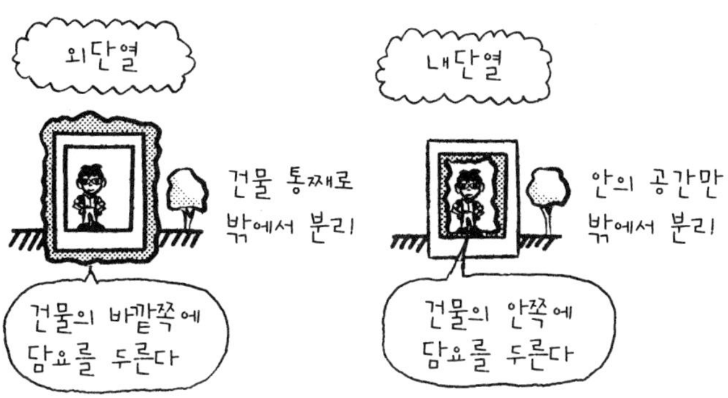

Q 폴리스틸렌 폼이란?

▼

A 기포를 다량 함유하는 폴리스틸렌 판이다.

상품명인 스타일로 폼 쪽이 일반적으로 알려져 있다. 기포를 많이 함유하므로 열이 통과하기 어렵고 단열재로서 많이 사용되고 있다. 폼(Form)이란 성형된 판이다. 폴리스틸렌 폼이란 폴리스티렌을 원료로 하여 성형된 발포재이다. 공기에는 열을 통과시키지 않는 성질이 있지만 공기가 움직이면(대류하면) 열을 옮긴다. 공기가 움직이지 않도록 작은 단위로 봉입하면 단열성은 좋아진다. 폴리스틸렌 폼의 기포는 봉입되어 독립한 형이므로 열을 옮기지 않게 된다. 비슷한 소재로 곤포에 많이 사용되는 발포스티롤이 있다. 발포스티롤의 경우 기포가 독립되어 있지 않고 스티롤의 입자 주변에 분산하는 형태로 들어 있으므로 폴리스틸렌 폼에 비해 단열성은 높지 않다. 폴리스틸렌 폼은 움푹 파이지 않는 장점도 있다. 새로운 건축재료인 다다미에서는 내부에 폴리스틸렌 폼이 사용되지만 위에 사람이 있거나 가구가 실려도 파이지 않고, 콘크리트를 위에서 발로 차도, 차가 위에 실려도 괜찮다. 무게가 분산되므로 상당한 하중을 지탱할 수 있다. 또 기포가 많으므로 가볍다는 것도 장점 중의 하나이다. 건물 자체의 중량을 줄일 뿐만 아니라 시공도 편하고, 물을 흡수하기 어려운(흡수성이 적다) 성질도 있다.

Q 폴리스틸렌 폼(스타일로 폼)을 RC 구체에 붙이려면?

▼

A 거푸집 단계에서 넣어 두고 거기에 생콘을 흘려 폴리스틸렌 폼과 콘크리트를 일체화시키는 방법이 일반적이다. 또 내장용 보드에 폴리스틸렌 폼이 붙은 기제품이 있고, 그것을 RC 구체에 보드용 접착제(GL 본드 등)로 고정시키는 방법도 있다.

단열재가 붙은 보드를 까는 방법은 단열재가 얇다. 이음매 등에서도 단열재가 잘리는 경우도 있어서 신뢰성은 높지 않다. 역시 콘크리트와 함께 쳐넣는 쪽이 콘크리트와 일체화되므로 바람직한 시공법이라 할 수 있다.
기초 아래의 단열, 옥상의 단열에서는 콘크리트와 동시에 쳐넣는 경우가 자주 있다. 옥상의 경우는 방수층 위에 폴리스틸렌 폼을 깔아 넣고 그 위에 누르는 콘크리트를 쳐 넣어 방수층과 단열재를 보호한다.
외단열에서 폴리스틸렌 폼을 사용하는 경우는 콘크리트를 쳐 넣을 때 하지만 단열층 바깥쪽에 외장재를 붙여야 한다. 그 외장재를 지탱하는 금속기구를 콘크리트에 들여 놓아둘 필요가 있다.

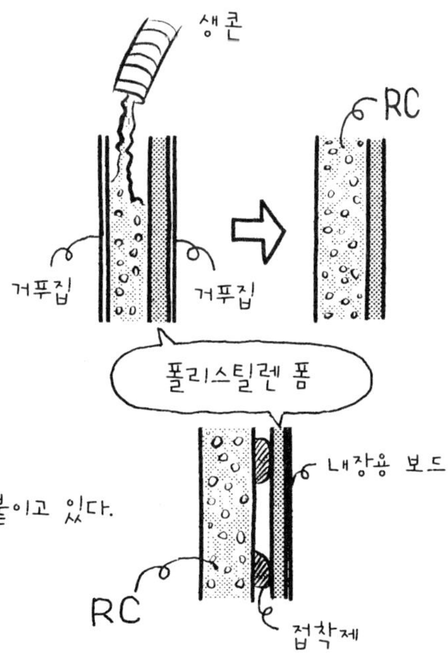

① 콘크리트와 함께 친다.

② 내장보드에 처음부터 붙이고 있다.

Q 현장 발포우레탄이란?

▼

A 현장에서 뿜칠하는 발포우레탄 단열재이다.

RC구체에 직접 뿜어서 그 장소에서 우레탄을 발포시켜 3~5cm 정도의 두께인 단열재로 한다. 폴리스틸렌 폼과 마찬가지로 내부에 기포가 많이 있으므로 열을 통과시키기 어려운 단열재로 된다. 현장에서 뿜칠하므로 벽의 안쪽 구석, 기둥과 보가 맞닿는 부분 등의 요철이 많은 곳에 틈새 없이 뿜어댈 수 있다. 폴리스틸렌 폼을 쳐넣는 것에 비해 뿜칠하는 경우는 틈이 생기지 않는다. 다만, 흡수하면 단열성이 떨어지고, 근래에는 제품에 따라 장기적으로 흡수하지 않는 것도 개발되고 있다. 또 뿜어대므로 일정한 두께가 되지 않는 것도 단점이다. 단열이 두꺼운 곳과 얇은 곳이 생기기 때문이다.
RC구체에 발포우레탄을 뿜칠한 후 전용 접착제(GL 본드 등)로 보드를 붙인다. 발포우레탄의 표면은 울퉁불퉁하므로 본드로 공간을 조금 뚫고 본드를 붙이고 평활한 수직면을 만든다. 그 후 보드에 크로스를 붙이거나 도장해서 마무리한다.
새시와 RC구체 틈 사이, 단열재끼리의 틈 사이 등의 약간의 틈 사이에 뿜칠하기 위하여 스프레이통에 넣은 발포우레탄도 판매되고 있다. 작은 틈 사이를 단열재로 메울 때는 편리한 제품이다.

Q 글라스울이란?

▼

A **유리섬유를 면모양, 울모양으로 한 단열재, 흡음재이다.**

글라스란 유리로 타지 않는다, 물에 녹지 않는다, 부패하지 않는다, 벌레먹지 않는 장점 등이 있다. 그 유리를 가늘고 짧은 실로 만들어 면모양으로 한 것이 유리울이다. 울(Wool)이란 양모지만 양모처럼 면모양으로 했다는 의미이다. 섬유를 면모양으로 하면 안에 독립한 기포가 많이 생긴다. 기포가 많고 가볍고 다른 발포제와 마찬가지로 열을 통과시키지 않는다. 글라스 울은 단위체적(1㎥)당 질량(kg)으로 표시하는 것이 일반적이다. 10kg/㎥, 16kg/㎥, 24kg/㎥ 등 다양하다. 10K, 16K, 24K 등으로 표시하는 경우도 있다. 글라스울의 경우 단위체적당 질량이 큰 쪽이 독립한 기포수가 많게 되고 단열성이 높아진다.

글라스 울 : 단위체적당 질량이 크다 → 단열성이 높다

이불처럼 매트에 볼을 던지면 튕겨 나오지 않는다. 에너지가 부드러운 면에서 흡수되기 때문이다. 마찬가지로 글라스울도 소리에너지를 잘 흡수한다. 부드러운 면이 진동하여 또 안의 기포가 진동해서 공기 진동 에너지를 흡수하기 때문이다. 이렇게 글라스 울은 타지 않는 재료에 단열성, 흡음성에 뛰어난 성질을 갖고 있다. 건물의 단열재, 음악실이나 기계실의 흡음재 등에 널리 사용되고 있다.

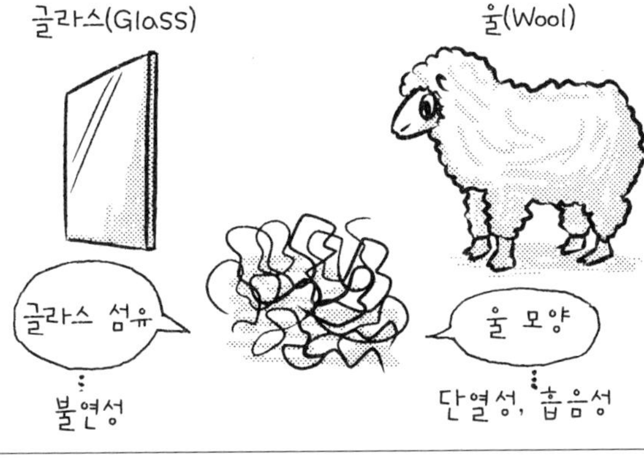

Q 글라스울 설치방법은?

▼

A 부드러운 매트 모양이므로 동연(胴緣) 등의 막대기 모양 사이에 끼우도록 해서 고정시킨다.

목조에서는 사잇기둥 사이에 글라스울이 들어 있는 자루를 채우고 사잇기둥에 못으로 박아서 고정한다. 또 목조바닥의 경우는 마룻귀틀과 마룻귀틀 사이에 끼우도록 해서 고정한다. RC구체의 경우는 아래 그림처럼 동연이라는 가는 목제나 금속제 봉을 가장 먼저 옆으로 박고 거기에 실리도록 글라스울을 끼워 넣는다. 글라스울을 구체에 고정할 때는 전용 금속기구를 사용한다. 횡동연 위에 직교하는 종동연을 붙이고 거기에 외장재를 설치한다. 아래 그림은 구체의 바깥쪽에 글라스울을 붙이므로 외단열이다. 이 외에도 다양한 공법이 있지만 폴리스틸렌 폼을 쳐넣는 것보다도 설치가 복잡하다. 폴리스틸렌 폼은 판상으로 되어 있어서 두께를 지지하는 힘이 있으므로 그 위에 보드를 직접 접착할 수 있다. 한편, 글라스울은 면모양으로 형태를 유지하는 것이 어렵고 고정 방법에 대한 개발이 필요하다. 또 시공할 때 글라스울의 매트 안에 빗물이 스며들면 곤란해진다. 글라스 섬유 자체는 물을 흡수하지 않지만 주변 공기에 물이 들어가기 때문이다. 물을 흡수할 경우 건조시킨 후에 마무리해야 한다. 물을 흡수한 채 사용하면 단열효과가 떨어진다.

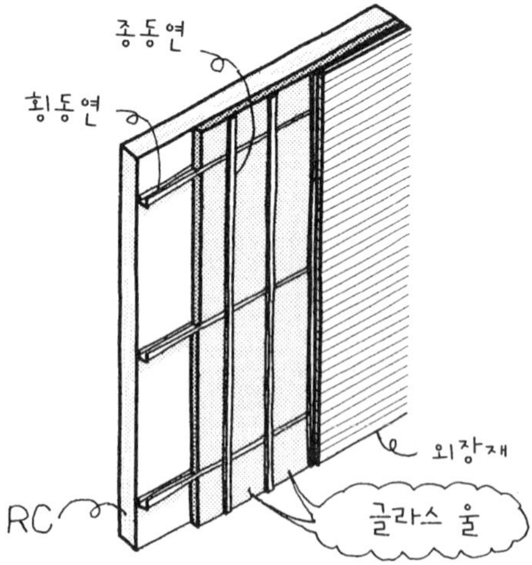

Q RC구체의 벽에 비닐 크로스를 붙이거나 도장하려면?

▼

A RC벽의 표면은 평활하지 않으므로 석고보드를 본드로 붙인 위에 마무리를 하던가, 모르타르를 칠한 위에 마무리를 한다.

거푸집을 벗긴 후 RC 표면은 울퉁불퉁하거나 거칠다. 제물 마감한 후 처음부터 정해져 있는 경우는 거푸집공사를 세심하게 하므로 표면은 매끈하지만 보통은 그렇지 않다. 통상적으로 석고보드를 전용 본드(GL본드 등)로 RC벽에 설치한다. 콘크리트 표면에 본드를 20cm 정도의 간격으로 붙이고 보드를 눌러 붙여 접착한다. 본드 단자에 의해 보드는 콘크리트 면에서 2cm 정도 띄우므로 깨끗한 평면으로 할 수 있다. 석고보드를 본드로 콘크리트에 붙이는 공법은 GL본드라는 상품명에서 GL공법이라고 불린다. GL공법은 콘크리트 면만이 아니라 폴리스틸렌 폼(스타일로 폼)면, 발포 우레탄면 등에도 사용할 수 있다. 외벽을 단열한 후 보드를 붙일 때도 GL공법이 유효하다. 본드를 사용하지 않는 방법으로서 콘크리트 안에 나무조각(나무벽돌)을 같은 간격으로 매립해 두는 방법이 있다. 그 나무조각에 동연을 쳐서 동연에 보드를 설치하여 고정시킨다. 현재는 본드로 붙이는 방법쪽이 시공이 간단하기 때문에 많이 보급되고 있다. 모르타르를 콘크리트 면에 발라 평평하게 고르는 방법도 가능하다. 모르타르를 3cm 정도의 두께로 발라 표면을 고르게 하고 그 위에 크로스를 붙이거나 도장한다. 크로스 직접 붙이기 등도 있다. 맨션의 집 경계벽에서는 벽의 양쪽에서 GL공법을 쓰지만 공기층이 같은 두께로 되어 소리가 울리게 된다. 양쪽을 모르타르 또는 한쪽을 보드로 다른 한쪽을 모르타르로 하면 공명이 방지된다.

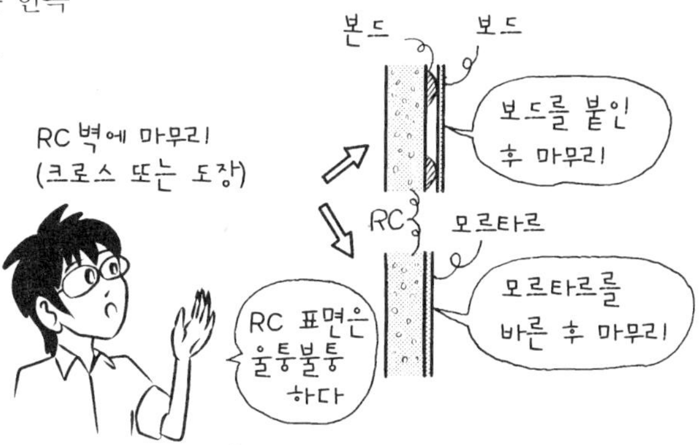

Q 보드를 RC에 붙일 때 RC 표면에서 조금 뜨게 하는 이유는?

▼

A 보드가 바닥에서 수분을 흡수하여 올라오지 않도록 하기 위함이다.

아래 그림처럼 보드를 쐐기 위에 얹고 GL본드로 RC벽에 붙인다. 아래에서 10mm 정도 들어올리는 것은 콘크리트 면은 수분을 함유하고 있기 때문이다. 집 경계벽을 보드 이중겹치기를 하는 경우 소리가 빠져나오는 것을 피하기 위하여 아래까지 딱 붙이는 경우도 있다. 그때 바닥면이 충분히 건조되어 있는 것을 확인할 필요가 있다. 이상으로는 보드 밑에 흡수성이 낮은 소재의 봉을 넣고 그 위에 보드를 얹어 붙이는 것이 최상이다. GL본드는 석고보드 전용의 본드로 RC면, 폴리스틸렌 폼 면, 발포우레탄 면에 직접 보드를 붙일 수 있다. GL본드 단자에 따라 10~15mm 정도의 보드가 기초면에서 뜨게 된다. 보드가 12.5mm라면 RC면에서 보드 표면까지 25mm 정도로 된다.

GL본드 12.5mm + 보드 12.5mm = 25mm

로 단락짓기 좋은 숫자로 해서 도면에는 25mm라고 지정한다. 단열재가 30mm인 경우는

단열재 30mm+GL본드 12.5mm+보드 12.5mm = 55mm

가 된다. GL본드는 부위에 따라 다르지만 10~30cm 정도 간격으로 벽에 단자모양으로 붙여간다.

Q 러너란?

▼

A 내부 칸막이벽을 만들 때 벽의 상하에 고정하는 U자형 경량 철골 기초부재이다.

러너(Runner)에는 주자라는 의미 외에 미닫이 등을 미끄러지게 하는 홈, 문턱 등의 의미도 있다. 건축에서 러너라 하면 이러한 가늘고 긴 홈 형태의 부재를 가리킨다. 경량철골이란 문자 그대로 가벼운 철골이다. 왜 가벼운가 하면 0.8mm 정도의 얇은 철판을 꺾어 구부려 봉모양으로 하기 때문이다. 경량철골 기초는 경철기초라고도 한다. 또 약호로 LGS 라고도 표시되지만 그것은 Light Gauge Steel(라이트 게이지 스틸 → 경량 규격의 강철 → 경량철골)의 줄인 말이다. 도면에서 경량기초라든지 LGS 기초 등으로 표기되는 경우도 있다. 같은 U 자형 단면에서도 홈형 강철과는 다르다. 홈형 강철은 용융한 철을 홈 형태로 거푸집에 쇳물을 부어 만든 강철재이다. 경철인 러너는 한손으로 가볍게 들 수 있지만 홈형 강철은 무거워서 떨어트리면 다친다. 우선은 러너를 바닥과 천장의 RC 구체에 고정한다. 기계로 징을 박아 넣고 구체에 앵커하는 것이 일반적이다. 그 러너에 맞춰 수직의 사잇기둥을 세우고, 사잇기둥이 단단히 고정된 단계에서 보드를 붙여간다.

Q 스터드란?

▼

A 칸막이벽을 만들 때 경량철골 기초 사잇기둥이다.

러너를 먼저 RC구체에 징으로 고정하고 다음에 스터드를 세운다. 스터드는 러너에 나사로 고정한다. 사잇기둥이란 목조 건축용어이다. 45cm 정도의 간격으로 벽 안에 넣고 벽의 마무리재를 고정시키기 위한 작은 기둥이다. 양쪽의 판만을 지탱하므로 가는 부재로 끝낸다. 사잇기둥을 스터드(Sud)라고 한다. 경량철골의 스터드 단면 크기는 통상 30mm × 65mm 정도이다. 높이가 높은 경우는 30mm × 75mm, 30mm × 90mm, 30mm × 100mm 등의 스터드도 사용한다. 65mm 양쪽에 두께 12.5mm 보드를 붙이므로 경량철골로 만든 칸막이벽의 두께는 12.5mm+65mm+12.5mm = 90mm로 9cm 정도가 된다. 방음성능, 내화성능을 좋게 하므로 판두께를 두껍게 하는 경우도 있다.

Q 1. 경량철골 벽기초의 흔들림을 방지하려면?
2. 경량철골 벽기초의 스페이서란?

▼

A 1. 스터드를 연결하는 U자형 경량철골로 스터드의 떨림, 넘어짐을 방지한다.
2. 스터드에 끼워 넣는 스터드의 U자형이 안쪽에 눌려 찌그러지지 않도록 하는 금속기구이다.

흔들림 방지는 문자 그대로 흔들림을 방지하기 위한 부재이다. 러너, 스터드와 마찬가지로 얇은 철판을 구부려 봉 모양으로 한 것으로 스터드와 스터드를 걸친다. 스터드에는 처음부터 흔들림 방지가 설치되도록 구멍이 뚫려져 있다. 흔들림 방지는 스터드 구멍에 붙이든지 스페이서에 달린 홈에 떨어트려 넣어 설치한다. 스터드는 얇은 철판을 구부려 만든 봉이므로 양쪽에서 누르면 U자형이 움푹 꺼지게 된다. 그것을 방지하기 위하여 스페이서라는 금속기구를 넣는다.
스페이서란 스페이스(Space, 간격)를 유지하는 금속기구라는 의미로 건축에서는 여러 가지 장면에서 스페이서가 나온다. 거푸집의 간격을 유지하는 금속기구도 스페이서라고 불린다. 스페이서에는 홈이 붙어 있어서 흔들림을 방지할 수 있도록 되어 있다. 스페이서는 스터드의 상하단, 그리고 60cm 정도 간격으로 넣는다.

Q 경량철골 벽기초의 개구보강재란?

▼

A 문 등의 개구부를 보강하기 위한 부재이다.

문을 쾅쾅 열고 닫거나 가구를 옮길 때 부딪치면 개구부에는 여러 가지 힘이 가해지므로 망가지기 쉬운 부분이라고 할 수 있다. 그래서 강한 재료로 보강해야 한다. 개구보강재, 보강재, 보강스터드 등이라고 불린다. 개구보강재는 스터드와 마찬가지로 C형으로 구부러진 경량의 봉이다. 스터드 보다도 강도를 높이기 위해 2.3mm 두께의 철판으로 만들어져 있다. 스터드나 러너는 0.8mm 두께가 보통이다.

스터드, 러너 → 0.8mm 두께
개구보강재 → 2.3mm 두께

개구보강재는 L자형의 금속 부품으로 바닥, 천장 슬래브 등에 고정한다. 수평으로 걸치는 개구 윗부분의 보강재는 수직보강재에 L자형의 금속부품으로 고정한다.

Q 경량철골 벽기초 대신 목조기초로 하는 것은 가능할까?

▼

A 가능하다.

경량철골의 스터드 대신 나무 사잇기둥도 사용할 수 있다. 나무 사잇기둥에는 105mm 폭(105mm × 30mm), 90mm 폭(90mm × 45mm), 75mm 폭(75mm × 45mm), 60mm 폭(60mm × 45mm), 45mm 폭(45mm × 45mm) 등 다양한 재료가 있다. 목조주택에서는 기둥이 105mm 각이므로 이에 맞춰 105mm 폭의 사잇기둥을 많이 사용한다. RC 맨션에서도 105mm 폭을 사용하지만 안에는 45mm 폭으로 만든 경우도 있다. 예상 외로 가는 사잇기둥도 있다. 물론 두꺼운 쪽이 좋지만 두꺼우면 방이 좁아지는 단점도 있다. 사잇기둥의 간격은 30cm, 45cm 정도이다. 보드를 이중으로 붙이는 경우는 45cm 간격으로도 문제없다. 보드 이음매는 반드시 기초가 오도록 한다. 문의 개구부는 경량철골 기초와 마찬가지로 사잇기둥을 이중으로 넣어 보강한다.
사잇기둥은 상하로 수평부재에 못으로 고정한다. 상하수평재는 위는 치윤(台輪), 밑은 토대(土台) 등으로 불리는 경우도 있지만 사잇기둥과 같은 재로 만들어진 경우가 많다. 치윤(台輪), 토대(土台)는 콘크리드에 못이나 앵커 볼트로 고정할 수 있다.

Q 경량철골 천장기초의 반자틀이란?

▼

A 천장의 보드를 고정시키기 위한 봉 모양의 부재이다.

스터드와 마찬가지로 C모양을 하고 있다. 강도를 갖게 하기 위하여 아래 변에는 울퉁불퉁 꺾인 면이 들어 있다. 두께는 스터드보다 조금 얇은 0.5mm, 크기도 50mm × 25mm, 25mm × 25mm로 스터드보다도 상당히 작은 크기이다.

반자틀이란 목조 건축용어로 천장판을 지탱하는 기초가 되는 봉 모양의 부재를 가리킨다. '野(노)'란 거칠다, 기초로 된다, 안에 감춰진 부재에 붙여지는 말이다. 노이따(野板)란 잘라내어 대패질을 하지 않는 거친 판, 화장재가 아닌 판을 가리키고 지붕널(野地板)이란 지붕 기초에 붙이는 판이다. '후찌(緣)' 이란 끝부분을 가리키는데 가는 봉 모양의 부재로 틀을 의미한다. 누름틀(오사에 부치)이란 판을 누르기 위한 가는 봉이다.

반자틀은 기초가 되는 안에 숨겨진 봉 모양의 부재라는 의미로 천장 안의 기초가 되는 봉을 가리킨다. 천장판의 바로 안에 있는 봉이 반자틀이라고 불리는 봉이다. 경량철골에서도 반자틀이라고 하면 천장을 고정시키기 위한 봉을 가리킨다. 30cm 간격 정도로 나열한다. 보드의 이음매 부분은 반자틀 더블(더블 바)이라고 불리는 폭이 넓은 쪽의 반자틀을 사용한다. 보드 중간에서는 폭이 좁은 반자틀 싱글(싱글 바)을 사용한다.

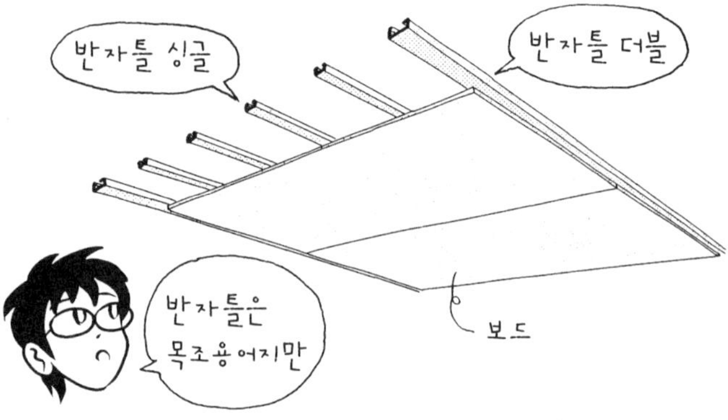

Q 경량철골 천장기초의 반자틀받이란?

▼

A 반자틀을 위에서 매달아 지탱하기 위한 봉 모양의 부재이다.

반자틀을 받아 지탱하므로 반자틀받이라고 한다. 25mm × 12mm 정도의 ㄷ자 형의 단면이다. 반자틀 몇 개 분 정도의 무거움을 받으므로 반자틀 보다 두껍고 1.6mm 정도의 얇은 철판을 구부려 만들고 있다.
반자틀은 30cm 정도 간격으로 배열하지만 반자틀받이는 90cm 간격 정도로 배열하고 있다.

반자틀 → 30cm 간격
반자틀받이 → 90cm 간격

목조의 경우 반자틀은 45cm 각 정도의 격자모양으로 짜는 경우가 많고 이 경우는 위의 재가 반자틀받이가 된다. 반자틀과 반자틀받이를 짜넣어 같은 평면으로 만드는 일도 있고 어느 쪽이 반자틀이고 어느 쪽이 반자틀받이인지 구별되지 않는 경우도 있다. 이 경우는 양쪽 모두 반자틀이라고 한다.
목조와 달리 경량철골의 경우는 레일 부재 자체가 다르다. 반자틀은 C형 단면, 반자틀받이는 ㄷ자 형 단면이다. 반자틀은 전용 클립을 반자틀에 걸고 그 위에 반자틀받이에 구부려 걸어서 고정한다. 반자틀의 굵기에 따라 반자틀 싱글용 클립, 반자틀 더블용 클립이 있다.

Q 경량철골 천장기초의 반자틀받이를 달려면?

▼

A 행거볼트와 행거로 단다.

반자틀받이를 행거로 매달아서 그 행거에 행거볼트를 연결하고 행거볼트는 천장에 매립되어 있는 인서트 금속 부품에 돌려 박는다. 인서트 금속 부품+행거볼트+행거로 천장을 매다는 것이다. 인서트 금속 부품은 거푸집 단계에서 장치해 두고 콘크리트에 박아 넣는다. 인서트 금속부품에는 암나사가 잘려 있고 거기에 9mm 지름 정도의 행거 볼트를 돌려 넣는다. 행거 볼트는 양끝이 수나사 또는 전체가 수나사로 되어 있다. 행거 볼트는 90cm 정도 간격으로 천장 슬래브에 설치한다. 행거 볼트의 하단에 행거를 단다. 행거(Hanger)란 행(Hang)하는 것, 매다는 것이라는 의미로 이 경우는 반자틀받이를 매다는 금속부품을 가리킨다. 반자틀받이와 반자틀은 클립이라는 금속 부품으로 고정한다. 위에서 순서대로 쓰면 다음과 같다.

천장 슬래브 → 인서트 금속부품 → 행거 볼트 → 행거 → 반자틀받이
클립 반자틀 천장 보드

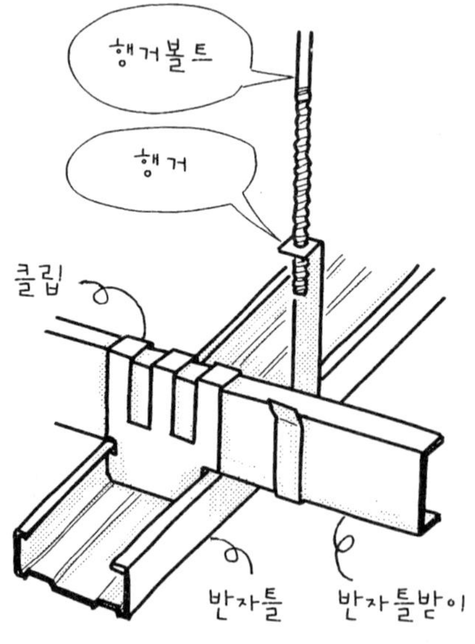

Q 석고보드란?

A 석고를 판상으로 굳혀서 양쪽에 종이를 붙인 내장용 보드이다.

석고는 영어로 플라스터(Plaster)이므로 플라스터 보드라고도 한다. 약식 기호인 PB도 자주 사용된다. 석고는 하얀 가루로 물을 섞으면 굳는다. 데생용 석고상 등으로도 많이 알려져 있다. 석고보드는 타기 어렵다, 무거워서 방음효과가 있다, 벌레가 먹지 않는다, 썩지 않는다, 비용이 싸다는 장점이 있고 내장용으로 많이 사용되고 있다. 분양맨션, 임대맨션의 내장벽 거의 모두 석고보드를 사용하고 있다.
한편, 물에 약하고 깨지기 쉬우므로 외장재는 사용할 수 없다. 나사나 못을 쓸 수 없는 것도 어려운 점이다. 석고보드에 그림이나 거울을 걸려고 할 경우는 보드 앵커라는 수지 및 금속 부품을 사용해야 한다.
또 부엌벽 등의 물이 닿기 쉬운 장소에서는 시팅 석고보드가 사용된다. 시팅(Sheathing)이란 덮는다는 말로 방수처리를 한 석고보드이다. 표면에는 내수성 있는 종이가 붙어 있다. 다만, 대량으로 물이 닿는 부분에는 사용할 수 없다.

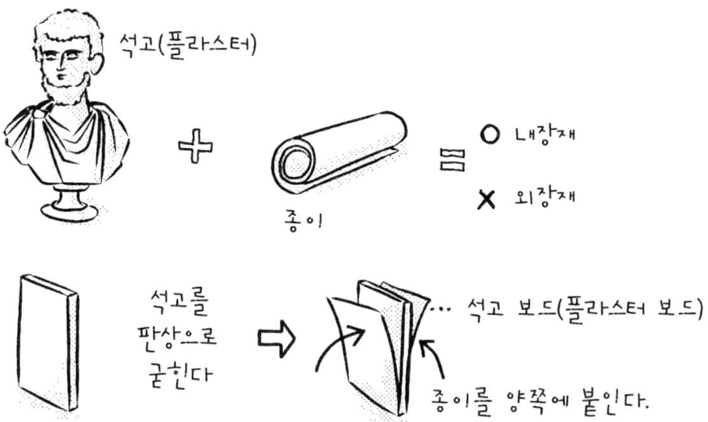

Q 석고보드의 두께는?

▼

A 벽에서는 12.5mm, 천장에서는 9.5mm를 사용하는 것이 일반적이다.

벽에는 물건이나 몸이 닿는 부분이므로 두꺼운 보드를 사용한다. 통상적으로 12.5mm로 그밖에 15mm도 사용된다. 65mm의 스터드와 12.5mm의 보드로 벽을 만들면 12.5mm+65mm+12.5mm = 90mm이고 벽두께는 90mm(9cm)가 된다. 천장은 물건이 닿지 않는 부분이므로 9.5mm 얇은 보드를 사용한다.

벽 → 12.5mm, 15mm
천장 → 9.5mm

차음성 있는 벽을 만들고 싶을 경우는 12.5mm 보드를 이중으로 붙인다. 이때 벽보드는 천장의 마무리면에서 고정하지 않고 천장 슬래브까지 닿도록 붙인다. 천장면에서 고정하면 천장 안을 통해 소리가 전달되기 때문이다. 목조 아파트의 집 경계벽은 소리가 통하지 않게 하기 위하여 보드를 이중으로 붙이는 것이 일반적이다. 이 경우도 천장에서 고정하지 않고 위 구조체까지 연장시킨다. 또 내화성능을 높이기 위하여 두꺼운 보드를 이중으로 붙인 경우도 있다. 아무튼 두꺼운 보드를 여러 겹으로 하는 쪽이 벽의 성능이 좋아진다. 석고보드 12.5mm 두께를 약식 기호인 PB가 12.5라든지 PB 두께 12.5 등이라고 쓴다.

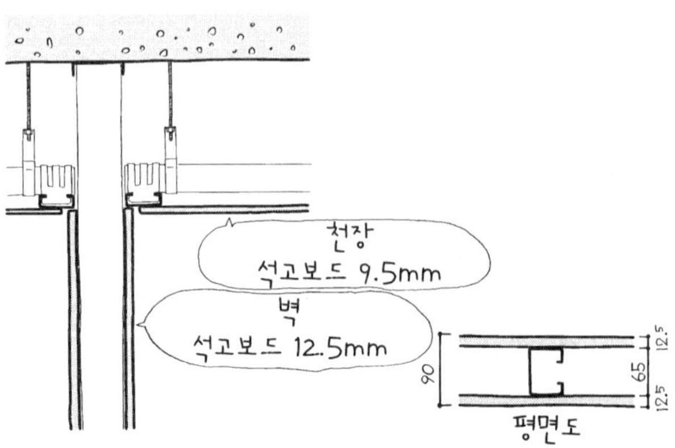

Q 석고보드끼리의 이음매는 어떻게 하나?

▼

A 테이프와 퍼티를 사용해서 줄눈처리를 한다.

석고보드를 붙인 후에는 그 위에 EP를 도장하든지 비닐 크로스를 붙이는 것이 일반적이다. 그러나 이음매를 그대로 두면 패인 부분이 보이고 이음매가 움직여서 틈이 생기게 된다. 그래서 패인 부분을 평평하게 하고 이음매가 떨어지지 않도록 하는 작업이 필요해진다. 이것이 바로 줄눈처리이다. 드라이월공법이라고도 한다. 건식벽 공법을 영어로 말한 것이다. 조인트 공법이라고도 한다. 줄눈처리에는 전용 테이프와 퍼티를 사용한다. 테이프는 섬유로 종횡으로 강화된 수지로 되어 있어서 도막한 후에 굳는다.

처음에 퍼티로 패인 부분을 메우고 그 위에 테이프로 떨어지지 않도록 하고 더욱이 위에서 퍼티를 바르고 테이프를 붙여서 평평하게 고른다. 처음에 넓은 테이프를 붙인 위에 퍼티처리를 하는 방법도 있다.

목조 아파트 등 저렴한 벽의 경우 이 줄눈처리를 하지 않고 갑자기 비닐 크로스를 붙이는 경우도 있는데 오랜 시간이 지나면 크로스에 균열이 생기거나 요철이 들어가게 된다. 역시 줄눈처리를 한 후에 크로스를 붙여야 한다.

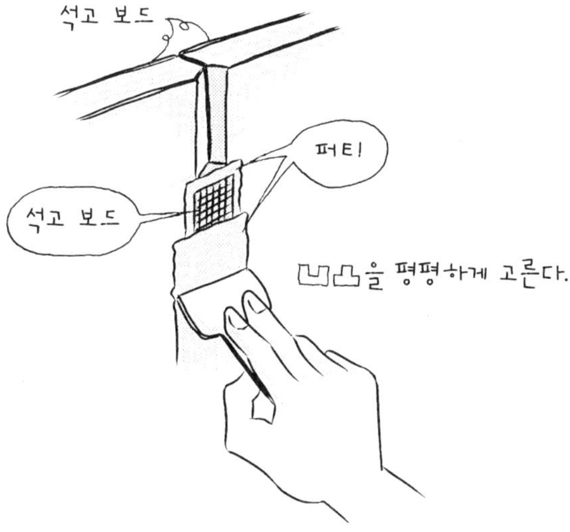

Q 화장 석고보드란?

▼

A 석고보드의 표면에 요철이 있거나 색깔이나 모양이 있는 시트를 붙인 석고보드이다.

그대로 천장이나 벽에 붙여 마무리한다. 가격이 싸므로 천장 등에 많이 사용된다. 복잡한 줄눈처리나 도장, 크로스붙이기 등은 불필요하다. 흡음판 같은 요철을 붙인 보드(요시노 석고보드의 집톤 등)는 반자틀에 작은 나사로 고정한 것만으로도 마무리가 된다. 흡음판과 비슷하지만 구멍이 얕고 흡음효과는 그다지 기대할 수 없다. 트래버틴 모양에 구멍이 뚫린 집톤은 910mm 각의 판을 서로 다르게 감자 줄눈으로 배열해서 반자틀에 작은나사로 고정시켜 나간다. 전용 나사의 머리는 하얗게 도장되어 있어서 밑에서 보는 것만으로는 알기 어렵고 가격이 싼 것에 비해 외관이 비교적 나으므로 오피스나 교실 등의 천장에 많이 사용된다. 나무눈이 인쇄된 화장 석고보드도 맨션의 다다미방 천장 등에 사용된다. 인쇄가 뛰어나고 천장까지의 거리가 있으므로 가짜와 분별이 가지 않는다. 비닐 크로스가 미리 붙여진 석고보드도 있다. 벽에 사용하는 이음매가 나오는 경우도 있고 집톤 정도에는 사용되지 않는다.

Q 암면흡음판이란?

▼

A 암면(록 울)을 주원료로 한 화장재이고 불연성, 흡음성, 단열성이 있다.

日東紡의 소라톤, 미네라톤 등이 유명하다. 표면이 벌레먹기 모양의 표준적인 판 이외에 다양한 종류의 요철을 붙인 상품이 판매되고 있다. 암면흡음판은 표면이 부드럽고, 더욱이 요철도 붙어 있으므로 흡음재로서 뛰어나다. 부드럽기 때문에 천장재로 사용되고 두께는 12mm, 15mm 등이 있다.
석고보드를 반자틀에 박아 달고 그 위에 접착한다. 초배하지 않고 반자틀에 나사로 직접 박으면 부드럽기 때문에 깨진다.
커다란 오피스, 식당, 강당 등은 소리가 울리기 쉬우므로 암면 흡음판이 천장에 많이 깔리고 있다. 아스베스토(석면)와 달리 발암성은 없다.

암면 → 록 울 → 사용 가
석면 → 아스베스트 → 사용 불가

Q 석고 라스보드란?

A 회반죽 칠하기 등의 미장공사의 기초로 사용되는 구멍이 많이 뚫린 돌 석고보드이다.

라스(Lath)란 벽 바르기의 기초로 하는 가늘고 긴 판(木摺)이다. 목접을 많이 박고 그물모양의 것을 위에 걸고 그 위에 벽바르기를 한다.
라스보드란 목접을 대신하는 보드라는 의미이다.
미장의 어원은 옛날 중성으로 거슬러 올라간다. 미장공사는 모르타르, 회반죽 등의 도벽공사 전체를 가리킨다.
회반죽은 석회에 마섬유를 더하고 물 등을 가해서 만들어낸 하얀벽이다. 다다미방이나 창고 등에 쓰인다.
석고 라스보드는 실내에서 미장공사에 사용되지만 실외용으로서 물에 강한 보드도 있다.
라스보드의 구멍은 관통하지 않고 판의 도중에서 멈춰 있다. 많은 구멍에 의해 회반죽이 걸려 떨어지지 않도록 하는 것이다.

Q 시멘트계 보드에는 어떤 것이 있나?

▼

A 규산칼슘판, 플렉시블 보드, 태평판, 목모 시멘트판 등이 있다.

시멘트만으로 판을 만들면 점성이 없어서 바로 갈라져 떨어진다. 그래서 다양한 섬유를 넣어 갈라지지 않게 점성이 강하게 하는 연구가 이루어지고 있다. 이전에는 아스베스토(석면)가 사용되고 있었지만 발암성이 있어서 다른 섬유로 대용되고 있다. 시멘트계 보드 중에서 가장 많이 사용되고 있는 것이 규산칼슘판이다. 줄여서 규칼판으로 불리기도 한다. 규산칼슘이란 $CaSiO_3$의 분자식을 갖는 규소(Si)의 화합물로 이에 섬유와 시멘트(석회질 원료) 등을 섞어 판으로 만든 것이다. 내열성, 내수성에 뛰어나고 부엌, 욕실벽, 천장, 외부에서는 처마, 천장 등에 사용되고 있다. 내화성이 있으므로 내화피복, 방화구조벽 등에도 사용된다. 규산칼슘판은 도장하는 경우에도 위에 크로스를 붙이는 것도 가능하다. 도장할 때는 실러로 초벌할 필요가 있다. 화장된 규산칼슘판도 판매되고 있다. 플렉시블 보드는 단단하고 깨지기 쉬운 시멘트판을 유연하게(플렉시블하게) 한 것이다. 이전에는 아스베스토가 사용되었지만 근래에는 다른 섬유가 사용되고 있다. 태평판은 싼 시멘트판이다. 규산칼슘판, 플렉시블 보드는 못을 박지만 태평판은 갈라지므로 나사로 고정한다. 목모시멘트판은 털처럼 가는 리본 모양의 나무를 시멘트로 굳힌 것이다. 주로 기초에 사용하지만 주차장 천장에 달기도 한다.

Q 탭핑나사란?

A 앞쪽 끝부분에 암나사를 만드는 날이 있고, 축 전체에 나사홈이 있는 나사이다. 보드를 고정시키는 등 널리 사용되고 있다.

탭(Tap)이란 탭댄스의 탭이고, '톡톡 친다'는 의미이다. 탭핑나사는 두드려 돌려 박아가는 나사이고, 보통은 임팩트 드라이버(회전할 뿐만 아니라 진동함)로 나사를 박는다. 임팩트 드라이버를 사용해서 보드를 고정할 때는 탭핑나사를 사용한다. 탭핑나사 끝에는 날이 있는 것이 보통이고(날이 없는 것도 있음) 돌리면서 박아간다. 전체에 나사홈이 있으므로 마지막까지 단단히 고정시킨다. 나무나사는 앞만 나사가 잘려져 있어서 원래는 나사홈이 없다. 나무의 경우는 단단하므로 그것만으로도 충분하지만 석고보드 등 유연한 재료에서는 밑 부분까지 홈이 없으면 마지막까지 들어갈 수 없는 경우가 있다. 나사머리는 크게 분류해서 그릇과 냄비가 있다. 나사의 머리 모양에 따라 접시나사, 냄비나사라고 불리는 경우도 있다. 보드를 고정하려면 머리가 잠겨 들어가 있어 평평하게 되는 접시나사를 사용한다. 마무리를 하면 머리가 보이지 않게 되기 때문이다. 냄비나사를 사용하면 머리가 나오므로 도장이나 크로스 붙이기에서도 곤란하다. 경량철골의 조립이나 목조 기초를 조립할 때에도 탭핑나사+임팩트 드라이버는 자주 사용된다.

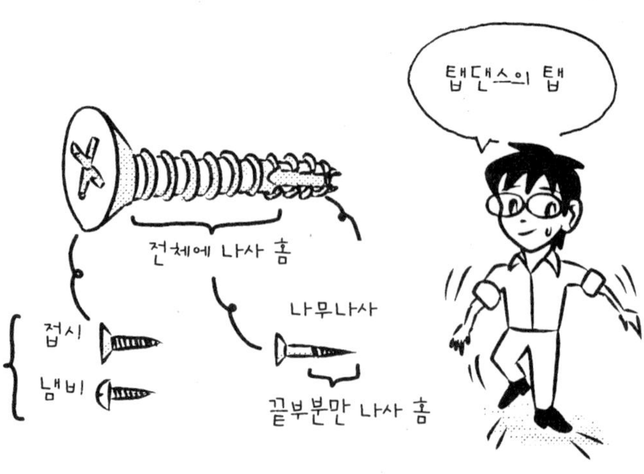

Q 걸레받이를 붙이는 이유는?

▼

A 걸레받이란 아랫부분에 붙이는 가늘고 긴 막대 모양의 부재이다. 벽과 마루의 마무리를 잘 보이게 하기 위해 또 더러움이 눈에 띄지 않도록 하기 위하여 붙인다.

보드를 벽이 있는 곳에서 자른 경우 깨끗하게 직선으로 잘라지지 않는 경우가 있다. 또 마루가 울퉁불퉁한 경우에 보드와 마루 사이에 불규칙한 틈이 생긴다. 크로스를 붙이는 것이나 도장하는 경우도 마루가 깨끗하게 유지되는 것은 어려운 작업이다. 이렇게 벽과 마루의 경계는 직선적으로 되지 않고 구불구불한 경향이 있다. 그래서 벽과 마루가 교차하는 부분에 걸레받이를 붙인다. 정식규격 같은 직선적 부재로 눌러주므로 외관이 잘 정돈된다. 크로스 붙이기나 도장공사도 걸레받이 위에서 멈추므로 외관이 깨끗하게 정리된다. 마무리를 마치는 정규 역할을 하고 있는 것이다. 벽 아래 부분은 발이나 가구가 닿기도 하고, 청소 도구가 닿기도 하며, 먼지가 쌓이기 쉽고, 깨지기 쉽고, 더러움이 타기 쉬운 부분이다. 그러한 결점을 해소하기 위하여 짙은 색의 걸레받이를 빅아 보강한다. 벽과 같은 하얀색 종류의 마무리를 하면 더러움이 눈에 띄기 쉽다. 걸레받이가 짙은 색이 많은 것은 더러움이 눈에 띄지 않게 하기 위함이다. 걸레받이는 나무제품도 있지만 수지제품도 있다. 기제품인 수지제 소프트 걸레받이는 저렴하고 커터로 간난히 잘라지므로 공사도 편리하다. 비용절약시 많이 사용된다.

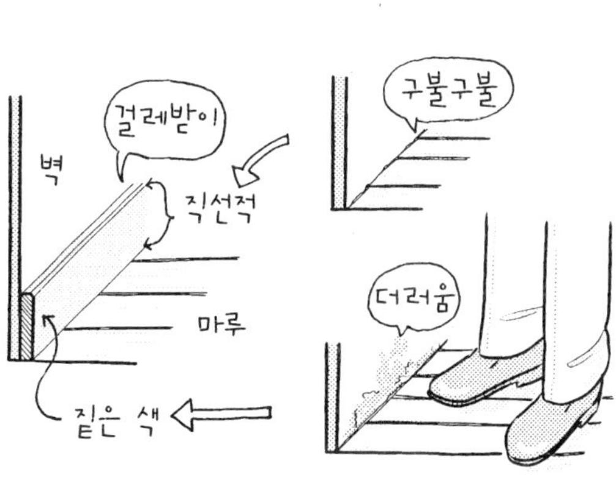

Q 다다미 더하기(다다미 요새)를 붙이는 것은 무엇 때문인가?

▼

A 다다미 요새이란 다다미방에서 바닥의 가장자리 부분에 붙이는 가늘고 긴 막대로 벽과 다다미의 틈 사이를 메우기 위하여 붙인다.

다다미의 경우 벽 표면보다도 기둥을 내는 일이 많다. 이것은 진벽 만들기라 하고, 기둥을 감춘 만들기는 대벽 만들기라고 한다.

진벽 만들기 → 기둥이 나온다
대벽 만들기 → 기둥이 감춰진다

진벽 만들기의 경우 기둥이 벽보다도 더 튀어나오므로 다다미와 벽 사이에 틈이 생긴다. 이 틈을 메우려면 가는 봉을 사용해야 한다. 그것이 다다미 요새는 벽마무리를 마치는 규정이 된다. 마무리를 깨끗하게 보이게 하는 정규라는 의미에서 걸레받이와 같은 역할을 하고 있다. 다다미방에서는 다다미 요새를 붙이는 것이 일반적이지만 벽이 흠집나지 않도록 걸레받이를 붙이는 경우도 가끔 있다. 기둥의 바깥면과 벽면의 거리, 기둥이 나온 치수를 벽홈(치리)이라고 한다. 벽홈이란 일반적으로 평행한 2개의 평면 거리를 가리키는 건축용어이다. 기둥의 벽에서 나온, 걸레받이 벽에서 나온, 틀의 벽에서 나온 것 등을 벽홈이라고 한다.

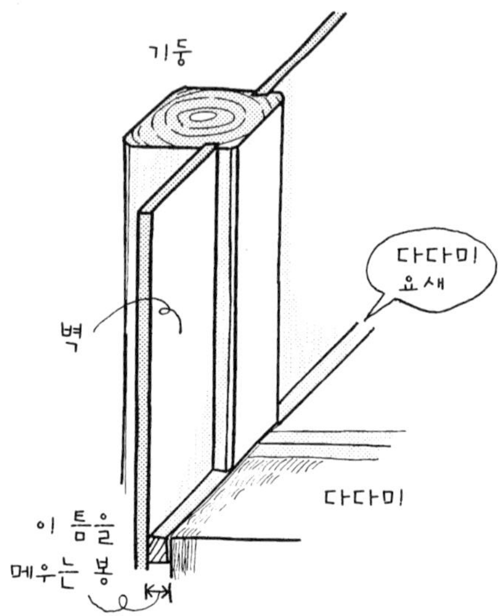

Q 반자돌림을 붙이는 것은 무엇 때문인가?

▼

A 천장과 벽 틈새를 산뜻하게 직선적으로 마무리하기 위하여 붙인다.

반사돌림이란 벽과 천장이 맞닿는 곳에 붙이는 가는 막대기이다. 천장 가장자리에 빙 둘러 붙이는 재이므로 반자돌림이라고 한다. 가장자리(縁, 후찌)란 툇마루(縁側)의 가장자리도 있다. 툇마루란 마루의 가장자리 부분이다. 縁(후찌)란 가장자리 부분을 가리키는 용어이다. 반자돌림은 2cm 각 정도의 작은 막대기에서 구리 가따(곡선모양으로 잘라낸 모양)를 붙인 기제품 반자돌림까지 여러 가지가 있다. 재료도 목재, 알루미늄, 수지 등 다양한 제품이 만들어져 있다. 천장재와 벽재를 고정시키는데 분리하여 고정하면 가장자리 부분이 구불거리거나 들쭉날쭉해 보인다. 반자돌림을 위에서 맞추는 것만으로도 산뜻한 외관이 될 수 있다. 걸레받이와 마찬가지로 재료를 고정하는 정규 역할을 하고 있다. 재료의 가장자리 부분에 옆으로 넣는 재를 치장재(손을 뗌), 치장틀이라고도 한다. 재료를 거기서 잘라 산뜻하게 손을 뗀다는 의미이다. 반자돌림도 치장재의 일종이다. 목조 아파트 같은 단가가 싼 방에서는 벽과 천장을 같은 크로스로 붙이는 경우가 있다. 이러한 경우는 반자돌림을 붙이지 않고 크로스를 붙이는 경우도 있다. 또 디사인적으로 가장자리 부분을 산뜻하게 하고 싶은 경우에 의도적으로 반자돌림을 떼어내는 경우도 있다.

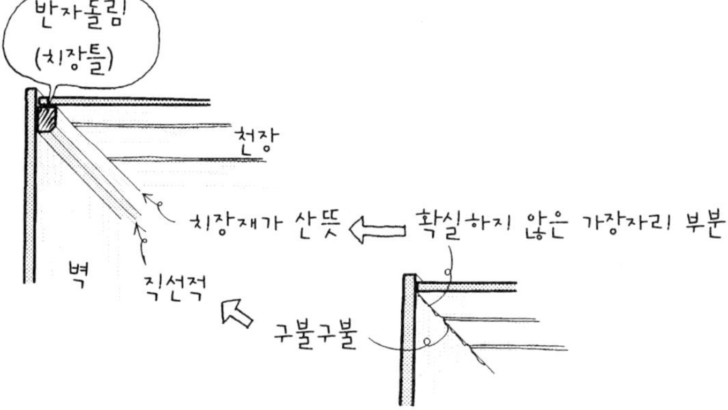

Q 화장 석고보드, 암면 흡음판 등의 천장재 가장자리를 채우는 기제품의 반자돌림(치장틀)의 모양은?

▼

A 아래 그림처럼 ㄷ자의 위가 긴 단면을 한 부재이다.

ㄷ자로 되어 있는 것은 보드를 끼워 넣을 수 있도록 하기 위함이다. 반자돌림은 반자틀대에 작은 나사로 고정한다. ㄷ자의 위가 길게 되어 있는 것은 작은나사 고정을 시키기 쉽게 한 것이다. ㄷ자 그대로라면 작은나사를 밑에서 박을 수 없다. 공사순서로는 경량철골 기초를 천장에서 매달아 조립한다. 다음에 가장자리 반자돌림을 설치하고 밑에서 나사를 박아 반자틀대를 고정시킨다. 그리고 보드를 반자돌림에 끼워 넣고 밑에서 작은나사나 접착제로 반자틀대 및 기초보드에 고정시켜 나간다.

경량철골 기초 조립 → 반자돌림을 반자틀대에 고정한다 → 보드를 반자틀대 등에 고정한다.

보드 가장자리를 마무리하는 반자돌림에는 수지제, 알루미늄제가 있다. 목제 반자돌림보다도 작아서 산뜻한 느낌으로 마무리할 수 있다. 어느 정도 보드 끝부분을 거칠게 잘라내도 반자돌림에 끼워 넣어 자른 면을 감출 수 있으므로 외관은 깨끗하다.

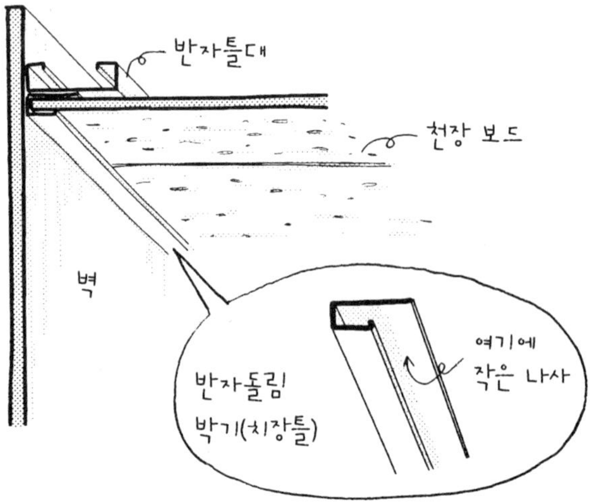

Q 맨션 마루를 RC 구체에서 들어 올려서 만드는 것은 무엇 때문인가?

▼

A 오수관을 마루 아래에 설치하기 때문이다.

마루를 150~200mm 정도 들어올린다. 오수관을 파이프 스페이스(PS)까지 옆으로 끌어다 수관(竪管)에 연결한다. 이때 PS까지 물매를 붙여 옆끌기로 해야 한다. 따라서 어느 정도의 높이가 필요한 것이다.
왜 RC 구체(바닥 슬래브)에서 위에 오수관을 설치하는 이유는 물이 새거나 고장나면 집 안에서 처리해야 하기 때문이다. 즉 마루를 들어내어 공사하면 되고, 고장난 집만의 공사로 끝난다. 만약 RC 구체의 아래에 오수관이 있다면 아랫집 천장까지 열지 않으면 안 된다.
배수중에서도 세면, 부엌, 욕실 등의 잡배수는 관지름이 작게 50φ(직경 50mm) 정도로 가능하다. 물매도 오물이 없는 부분은 작게 가능하지만 더러운 물인 경우에는 75φ(직경 75mm) 정도 관의 물매를 붙여서 옆끌기한다. 급수, 급탕은 수압이 있으므로 급수관, 급탕관은 천장으로 통하게 하는 것도 가능하다. 또 가스관, 전선 등도 천장을 통하게 하지만 배수만은 아무래도 마루 밑을 통과하게 해야 할 필요가 있다. 마루를 올리지 않는 경우는 오수관이 통과하는 화장실이나 주변 마루만이라도 들어올릴 필요가 있다.
그 경우 화상실 입구에서 150~200mm 단의 차이가 생긴다.

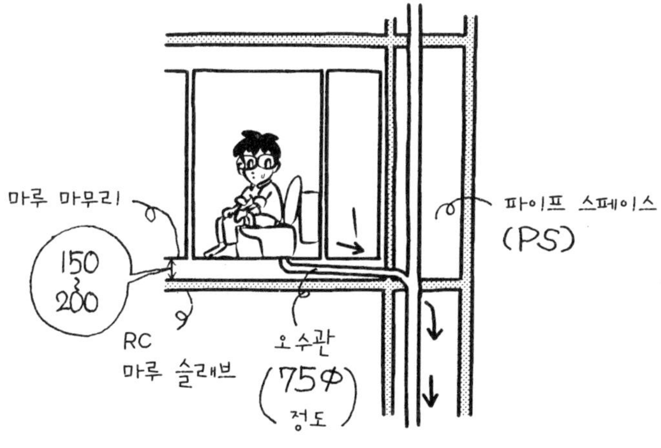

Q 맨션 마루를 목조로 들어 올리려면?

▼

A 아래 그림처럼 장선과 멍에를 짜서 마루를 들어 올린다.

45mm 각 정도의 장선을 30cm 정도 간격으로 나열한다. 그 장선을 지탱하는 것이 90mm 각 정도의 멍에이다. 멍에는 90cm 정도 간격으로 나열한다. 목조 1층의 마루 짜는 것과 같은 요령이다. 간격은 @ 라는 기호로 표시한다.

장선 : 45 × 45@300
멍에 : 90 × 90@900

멍에는 콘크리트 마루에 볼트로 앵커한다. 볼트는 처음부터 매립해두든가 나중에 구멍을 뚫어 홀인 앵커 등으로 설치한다.
멍에 높이 조정은 목형을 넣는다. 그 목형을 쐐기라든지 쐐기먹임 등이라고 한다. 높이 조정에 모르타르를 경단 모양으로 쌓아 올리는 경우도 있다. 화장실 마루 등은 배수관 등을 피하면서 장선이나 멍에를 넣는다. 장선 위에는 마무리 플로어링재 등을 직접 까는 경우도 있으며, 12mm 나 15mm 두께의 기초판을 깔고 나서 마무리재를 까는 경우도 있다. 이렇게 들어 올려진 마루 밑에는 배관, 배선이 들어갈 뿐만 아니라 마루 그 자체가 알맞고 부드럽게 되어 발의 촉감이 좋아진다.

Q 치상공법(마루놓기)이란?

▼

A 금속부품으로 띄운 기제품 유닛을 설치하고 마루를 올리는 공법이다.

기제품인 유닛을 '놓다(置)' 마루공법이므로 치상(마루놓기)공법이라고 한다. 장선으로 올리는 마루에 비해 작은 모양의 기성품을 배열하는 것으로 커다란 마루라면 일손이 적게 든다. 시스템 마루, 유닛 마루, 프리 플로어 등으로 불리는 경우도 있다. 기성품인 유닛은 40~90cm 각까지 다양한 크기의 것이 있다. 볼트로 띄워 약간의 높이 조절이 가능하고 슬래브와 접하는 발끝 부분에는 고무가 붙어 있는 것을 많이 볼 수 있다. 이는 마루의 진동을 아래층에 전달하지 않게 하기 위함이다. 판은 20mm 두께 정도의 파티클 보드 등이 많고 그 위에 플로어링 등의 마무리재를 깐다. 파티클 보드란 작은 나무조각을 접착제로 혼합하여 열압성형한 판으로 건축이나 가구의 기초재로 자주 사용된다. 볼트는 각 판에 4개씩 붙어져 있는 것과 아래 그림처럼 볼트를 공유해서 사용하는 것이 있다. 기성품 중에는 처음에 마루 전체를 유닛으로 덮어 두고 나중에 칸막이벽을 시공하는 것도 있다. 마루선행공법(床先行工法)이라고 한다. 맨션의 집 내부 전체의 마루 기초를 먼저 만들고 나중에 벽을 세우는 것이다. 공사는 간단하게 되지만 마루 아래가 연결되어 있어 통상적으로 벽을 먼저 세우는 것보다 방 간의 방음효과는 나쁘다. 또 칸막이벽의 강도가 약하게 될 가능성도 있다.

Q 부상공법(띄우는 마루)이란?

▼

A 차음성을 높이기 위하여 완충재 위에 콘크리트를 친 후 마무리하는 공법이다.

아이들이 쿵쿵 뛰는 소리는 무거운 충격음이어서 마루재를 바꾼 정도로는 많이 줄지 않는다. 또 그랜드 피아노 소리는 강렬한 공기진동이므로 그것을 차단하는 것도 쉽지 않다. 이러한 경우의 차음대책으로 부상공법이 있다. 우선 RC 바닥 슬래브 위에 완충재를 둔다. 대표적인 소재가 고밀도 글라스울이다. 단열용인 글라스 울과는 달리 하중에 눌리지 않도록 단단한 판으로 되어 있다. 그 완충재 위에 폴리에틸렌 시트 등의 물이 통과하지 않는 시트를 깔고 콘크리트를 친다. 아무것도 깔지 않고 콘크리트를 치면 수분이 완충재 쪽으로 빠져서 콘크리트가 굳지 않게 된다. 시트를 깐 위에 용접철망을 스페이서 등을 사용해 시트에 띄워서 설치한다. 용접철망은 지름 3mm 정도의 철근을 150mm 각 정도로 짠 것이다. 콘크리트가 깨지는 것을 방지하기 위한 것으로 구조적으로는 영향이 없다. 콘크리트를 친 위에 마무리재를 깐다. RC 바닥 슬래브를 두께 40cm 정도로 하고 거기에 부상공법을 이용하면 상하층의 소리 문제는 많이 해소될 것이다.

차음성능 순서로 나열하면

부상공법 > 치상공법 > 나무 짜맞춤(장선 + 멍에)가 된다.

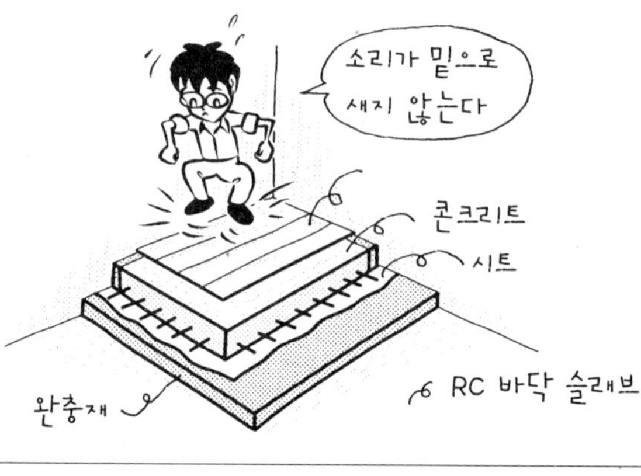

Q 주거용 마루 마무리재에는 어떤 것이 있나?

▼

A 플로어링, 쿠션 플로어, 다다미 등이 있다.

맨션이나 주택 등에서는 플로어링, 쿠션 플로어(CF 시트), 다다미가 3대 마루 마무리재라고 할 수 있다. 플로어링은 원래천연의 목재로 1장 1장, 돌기로 연결하여 마루를 만든다. 돌기 부분으로 기초판에 못을 박고 거기에 본드로 붙여 고정시킨다. 일반적인 플로어링재는 90cm 폭이거나 45cm 폭으로 180cm 길이 합판에 표면만 플로어링판이 깔려 있는 것이다. 표면의 마무리 얇은 판은 돌출판이라고도 하고, 비용에 따라 두께는 달라진다. 그 판에 홈이 새겨져 있어 마치 1장 1장을 돌기로 연결한 것처럼 보인다. 플로어링재의 두께는 12mm, 15mm 정도로 기초판도 같은 정도이다. 비용을 절약하기 위하여 기초판을 깔지 않고 장선에 직접 치는 경우도 있다. 쿠션 플로어는 플로어링 다음으로 자주 사용되고 CF 시트라고도 불린다. 1.8, 2.3, 3.5mm 두께 등이 있고 표면은 모양이 인쇄된 수지제 시트, 안에는 펠트 모양의 쿠션이 붙어 있다. 물에 강하고 흠집도 잘 나지 않으므로 세면탈의실, 화장실, 부엌의 마루에 자주 사용되고 있다. 가구다리 등에 움푹 패인 부분이 남는 것이 가장 큰 결점이다. 다다미는 다다미 겉은 골풀 줄기로 만든 돗자리, 다다미 바루(다다미 안쪽)는 볏짚으로 하는 것이 전통적인 다다미로서 두께는 55mm, 60mm이다. 최근에는 폴리스틸렌 폼을 다다미 마루로 하는 제품도 많고 두께는 15, 30mm 등으로 얇게 되어 있다. 벌레도 끼지 않고, 습하지도 않으며, 단열효과도 있고 표면은 다다미 그대로이므로 많이 사용되고 있다.

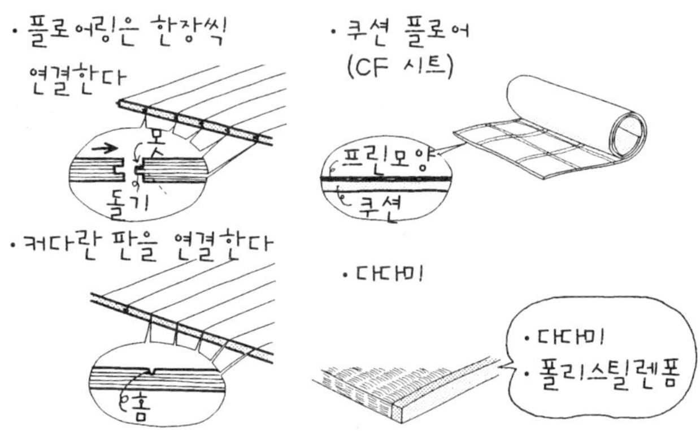

Q 필름(長尺) 염화비닐 시트란?

A 롤로 판매되고 있는 2mm 두께 정도의 염화비닐제 시트로서 학교, 병원, 사무실, 공장 등의 바닥 마무리에 많이 사용되고 있다.

필름 염화비닐시트, 염화비닐마루시트 등으로도 불리고 있다. 직물을 쌓아서 2mm 두께로 하고 매끈매끈한 표면에 색이나 모양이 프린트된 시트이다. 필름이란 긴자, 긴 치수라는 말로 롤 모양으로 납품된 것을 말한다. 1820mm(1칸) 폭으로 20m라든지 9m 등의 롤이다. 필름 염화비닐시트는 2mm 두께 정도로 얇아서 쿠션이 없는 종류, 가구나 사람의 무게로 눌리지 않고 내구성, 내마모성, 내수성에 뛰어나다. 학교, 병원, 오피스, 공장 등의 넓은 마루를 싸고 깨끗하게 마무리할 때는 유효하다. 주방용에 논슬립한 것, 연구실용으로 내약품성을 강화한 제품 등도 있다. RC 바닥에 그대로 붙이면 울퉁불퉁해지므로 우선 모르타르로 평평하게 고른다. 그 위에 필름 염화비닐을 전용 접착제를 사용해서 붙인다. RC 바닥 슬래브 면에서 염화비닐시트 마무리면까지 30mm 정도가 된다. 모르타르 고르기를 생략하고 콘크리트를 칠 때는 바닥면을 금속 흙손으로 깨끗하게 고르는 '콘크리트 발 마무리' 도 행해지고 있다. 주택용 쿠션 플로어를 가리켜 염화비닐시트라고 불리는 경우도 있지만 필름 염화비닐시트를 주택 마루에 사용하기에는 많이 단단하다. 맨션 공용복도나 공용계단에 붙이기 위한 것도 있다. 이 경우는 구두소리가 울리지 않도록 쿠션이 안쪽에 쳐져 있다.

Q 타일 카펫이란?

▼

A 50cm각이나 40cm각 등 타일 모양의 카펫이다.

두께는 6mm 정도이고 오피스용, 점포용이 많고, 주택용도 있다.
타일 모양으로 되어 있어서 그것을 전면에 빈틈없이 까는 것만으로 마루 마무리가 가능하다. 접착할 필요도 없고, 필름 염화비닐시트와 마찬가지로 RC 슬래브 위를 모르타르로 고르고 그 위에 놓는다. 그리고 더러워지면 그 부분만 벗겨서 바꾸면 된다. 입구 등 사람이 많이 다니는 곳은 빨리 더러워지고, 마루 전체에 1장의 롤 카펫을 깔면 전체를 교환해야 하지만 타일 카펫은 더러워진 곳, 흠집 난 곳만 교환하면 되므로 비용도, 일손도, 시간도 절약할 수 있다. 주택이라면 DIY에서도 가능하다. 카펫의 털 부분은 파일이라고 불리지만 그것이 고리모양으로 되어 있는 루프 파일은 파일 중에서 강도가 있다. 3mm 높이의 루프 파일을 붙인 6mm 두께의 타일 카펫 등이 있다. 카펫의 두께(높이)는 파일이 유연하므로 ±0.5mm 정도의 오차가 있다.
6mm 제품이 5.5~6.5mm 두께의 차이가 나므로 시공은 그것을 감안하여 짜넣는다. 타일 모양으로 분할되어 있어서 어느 부분이나 뗄 수 있으므로 프리액세스 플로어(OA 플로어) 마루재로서 적당하다.

〈저 자〉
하라구치 히데아키

1959년 도쿄 출생, 1982년 도쿄대학 건축학과 졸업, 86년 동대학 석사과정 수료
現재 도쿄가정학원대학 주거학과 조교수
저서로는 「20세기의 주택 – 공간구성의 비교분석」(가고시마출판사)
「루이스칸의 공간구성, 엑소노메트릭으로 본 20세기 건축가들」, 「1급 건축사시험 슈퍼기억들」,
「2급건축사시험 슈퍼기억술」, 「구조역학슈퍼 해법술」, 「건축사시험 건축법규 슈퍼해독술」,
「만화로 배우는 구조역학」, 「제로에서시작하는 수학 · 물리교실」(쇼우코쿠사) 등 다수

〈역 자〉
주 진 형

한양대학교에서 의료복지시설의 계획 및 설계 분야로 공학박사 학위를 받았다. (주)범 건축, SK 및 삼성그룹에서 선임과장으로 실무를 쌓은 후, 1999년부터 안산1대학 건축설계과 건축계획 및 설계전공 부교수로 재직하고 있다. 건축사 및 건축시공기술사 면허, 인정기술사(구조, 실내인테리어, 품질) 가 있다.

상훈으로 영종도 신공항 국제현상설계에서 최우수상, UIA 국제현상설계 입상(2004) 및 그 외 국내현상설계에서 다수 수상경력이 있다.
대한건축사협회 정책 전문위원, 대한건축학회 편집 및 설계 분과위원, 경기도 지회 건축가협회 이사로 사회참여를 하고 있다.
2001년부터 현재까지 대한민국 건축대전 초대작가로 활동중이다.
최근 의료복지시설 및 도시경관에 대한 논문 및 연구를 하고 있다.

저서 및 역서로는 「건축설계제도 이해」, 「신 건축계획」, 「건축의장과 표현기법」, 「건축계획 · 설계요론」, 「건축 재료학」 등이 있다.

건축디자이너를 위한 RC조 건축이해

2009년 2월 10일 1판 1쇄 인쇄
2009년 2월 16일 1판 1쇄 발행

저 자	하라구치 히데아키
역 자	주 진 형
발 행 인	강 해 작
발 행 처	도서출판 기 문 당
주 소	서울시 성동구 공명길 39 (하왕십리동 966-22)
전 화	02) 2295-6171(代)~5
팩 스	02) 2296-8188
출판등록	1976. 10. 7(1-44)
홈페이지	http://기문당 www.kimoondang.com
I S B N	978-89-6225-112-8 93540
정 가	12,000원